Beitrag zur Theorie und Untersuchung der Ferrarismessgeräte.

Von

Dr.-Ing. **Emil Wirz.**

Mit 48 Figuren im Text.

Berlin.
Verlag von Julius Springer.
1912.

ISBN-13: 978-3-642-90585-8   e-ISBN-13: 978-3-642-92442-2
DOI: 10.1007/978-3-642-92442-2

Vorwort.

Die vorliegende Arbeit befaßt sich in der Hauptsache mit
den Wirbelstromerscheinungen in den räumlich ausgedehnten
Leitern der Rotationskörper der Ferraris- oder Induktionsmeß-
geräte, deren genaue Kenntnis für die ausführende Technik von
Wert ist.

Obschon im Laufe des letzten Jahrzehntes eine Reihe sehr
wertvoller Arbeiten, zum Teil theoretischer und experimenteller
Natur, über diese Meßgeräte erschienen sind, so sind sie doch
zum größten Teil nicht geeignet, die immerhin nicht ganz einfache Arbeitsweise dieser Apparate zahlenmäßig verfolgen zu
können, weil sie sich in der Hauptsache nur auf die Zerlegung
der Felder in Fouriersche Reihen beschränken und die elektrischen und magnetischen Verhältnisse im Rotationskörper zum
Teil vernachlässigen.

Das Ziel dieser Arbeit soll deshalb weniger sein, eine ex-
akte mathematische Lösung der Probleme zu liefern unter Beachtung sämtlicher Feinheiten an ausgeführten Apparaten —
das würde wohl zu den schwierigsten Aufgaben der heutigen
Mathematik gehören — als vielmehr unter Vernachlässigung
alles Nebensächlichen und unter Zuhilfenahme der Maxwellschen
Theorie für die gebräuchlichsten Typen dieser Meßgeräte Formeln
zur Berechnung herzuleiten, wie sie der praktische Ingenieur
braucht.

Zum Schlusse soll dann an einem Voltmeter nach dem
Ferrarisschen Prinzip untersucht werden, wie weit die Theorie
mit den experimentell ermittelten Resultaten übereinstimmt.

Die vorliegende Arbeit wurde durch die Anregung von
Herrn Dr. Hausrath ins Leben gerufen und unter der Leitung
des so früh dahingeschiedenen Geh. Hofrats Prof. Dr. E. Arnold

ausgeführt, der mich bis kurz vor seinem Tode durch sein liebenswürdiges Interesse und wertvollen Ratschläge unterstützte.

Ich möchte deshalb nicht verfehlen, Herrn Dr. Hausrath für seine wertvollen Ratschläge meinen wärmsten Dank auszusprechen, und auch an dieser Stelle unseres großen, allzu früh dahingeschiedenen Pioniers der Elektrotechnik, Herrn Geh. Hofrat Prof. Dr. E. Arnold zu gedenken.

Schließlich möchte ich auch der Firma Hartmann & Braun, insbesondere ihrem Oberingenieur, Herrn Görner, für seine wertvolle Auskunft und liebenswürdige Überlassung einiger Versuchsapparate meinen besten Dank aussprechen.

Inhalt.

Einleitung.

Zur Bestimmung der verschiedenen Größen in der Wechselstromtechnik gibt es eine ganze Reihe von Meßgeräten, denen man den Namen Ferraris- oder Induktions- oder Drehfeldmeßgeräte gegeben hat. Der Name Ferrarismeßgeräte rührt daher, daß der italienische Forscher G. Ferraris als erster in seiner im Jahre 1888 erschienenen Forschungarbeit über „Elektrodynamische Rotationen, hervorgerufen durch Wechselströme" auf die Verwendbarkeit dieses Prinzips zu Elektrizitätszählern hingewiesen hat.

Der Name „Induktionsinstrumente" hingegen ist durch die durch Induktion verursachte Kraftäußerung entstanden und schließlich der Name „Drehfeldmeßgeräte", weil die von verschiedenen Strömen erzeugten Felder ein resultierendes Drehfeld bilden. Die letzte Bezeichnung wird aber wohl die unzweckmäßigste sein, da bei den meisten Zählerkonstruktionen kein richtiges Drehfeld entsteht, sondern nur ein nach einer Seite wanderndes Feld. Man wird deshalb schon zu Ehren des genialen Forschers Ferraris diese Meßgeräte am zweckmäßigsten als „Ferrarismeßgeräte" bezeichnen.

Durch den grundlegenden Ferrarisschen Versuch aus dem Jahre 1885, bei dem ein Kupferzylinder unter dem Einfluß zweier räumlich und zeitlich gegeneinander verschobener Wechselfelder in Drehung versetzt wird — der in der Wechselstromtechnik so großartige Früchte gezeitigt hat —, entstanden eine ganze Reihe von Zählerkonstruktionen.

Erst in der Neuzeit ist man auch dazu übergegangen, dieses Prinzip auf die direkt zeigenden Instrumente, wie Volt-, Ampere- und Wattmeter zu übertragen. Es ist dies dem Umstand zuzuschreiben, daß durch den Bau großer moderner Zentralen und den gesteigerten Bedarf an elektrischem Licht und Energie das Bedürfnis nach einem gut gehenden und billigen, Zähler weit größer war als nach direkt zeigenden Instrumenten, besonders da letztere durch die Typen anderer, meist genauerer und marktfähigerer Systeme vertreten waren.

Davon zeugen auch die überaus stattliche Zahl von theoretischen und experimentellen Arbeiten, die im Laufe der Zeit erschienen sind und sich in der Hauptsache nur mit dem Gebiete der Zähler befassen.

Es möge deshalb im folgenden eine kurze Zusammenstellung der wichtigsten Arbeiten gegeben werden:

Eine Theorie der Zähler gab zuerst Brugger[1]), die unter der Annahme sinusförmigen Stromes und Spannung, sinusförmiger Felder und Proportionalität zwischen Strom, Spannung und den entsprechenden Feldern abgeleitet wurde. Es zeigte sich aber bald, daß diese Voraussetzungen der Wirklichkeit nicht entsprachen.

Eine auf denselben Voraussetzungen aufgebaute Theorie ist von Schrottke[2]) angedeutet worden, die sich auf die Görgessche Theorie der Asynchronmotoren stützt.

Diese Voraussetzung sinusförmiger Felder ließ endlich Morck[3]) fallen und dehnte seine Theorie auf Felder beliebigen Verlaufs und beliebiger räumlicher und zeitlicher Verschiebung aus, ohne jedoch zu einem für die Praxis brauchbaren Resultate zu gelangen.

In neuerer Zeit sind zwei Arbeiten von Görner[4]) erschienen, die die Theorie der direkt zeigenden Instrumente dieses Prinzips in knapper Form behandeln.

Während bei den erstgenannten Theorien die Rückwirkung der Wirbelströme im rotierenden Teil vernachlässigt wird, so berücksichtigt sie Görner, leider sind aber seine abgeleiteten Gleichungen ebensowenig wie die von den andern Autoren zur zahlenmäßigen Berechnung geeignet.

Eine nach etwas allgemeineren Gesichtspunkten abgeleitete

---

[1]) Brugger, E.T.Z. 1895, S. 677.
[2]) Schrottke, E.T.Z. 1901, S. 657.
[3]) Morck, Theorie der Wechselstromzähler, Stuttgart 1906.
[4]) Görner, Schweiz. E.T.Z. 1907, S. 617 und Helios 1910, Heft 20.

Theorie ist diejenige von David und Simons[1]), die sich vorwiegend nur mit der Wirkungsweise der Wechselstromrelais befaßt und auch keine direkte zahlenmäßige Berechnung dieser Apparate gestattet.

Neuerdings hat Iliovici[2]) eine Arbeit veröffentlicht, die die Theorie der scheibenförmigen Zähler behandelt. Dieselbe berücksichtigt die Rückwirkung der Wirbelströme, ist aber für die zahlenmäßige Berechnung infolge verschiedener undefinierter Konstanten nicht anwendbar.

Zum Schlusse sei noch auf eine Arbeit von Brückmann[3]) hingewiesen, aus dessen experimentellen Untersuchungen klar genug hervorgeht, daß die Rückwirkung der Wirbelströme nicht vernachlässigt werden darf und leicht zu irrtümlichen Deutungen der Fehlerkurven Anlaß geben kann.

Aus all diesen angeführten Arbeiten spricht aber ein gewisser Mangel an Kongruenz zwischen Theorie und Praxis. Es soll deshalb versucht werden, diese Lücke auszufüllen und eine Theorie zu schaffen, die sowohl die Rückwirkung der Wirbelströme berücksichtigt, als auch eine angenäherte zahlenmäßige Vorausberechnung gestattet.

Dazu fand ich eine wertvolle Stütze in der interessanten Arbeit von Rüdenberg[4]) über „scheibenförmige Wirbelstrombremsen", die ja im Grunde genommen nur als ein Spezialfall eines Zählers im umgekehrten Sinne zu betrachten sind.

Nach der Vollendung der vorliegenden Arbeit erschien eine Abhandlung von Rogowski[5]) über die Stromverteilung in ruhenden Zählerscheiben mit Dreifingeranordnung der Pole, in welcher jedoch nur der Fall induktionsfreier Strömung der Scheibe behandelt und dadurch auch zum Teil die Rückwirkung der Wirbelströme vernachlässigt wurde. Näheres darüber bei der Behandlung der unsymmetrischen Anordnungen.

---

[1]) David und Simons, E.T.Z. 1907, S. 942.

[2]) Iliovici, La Lumière Electrique 1911, Heft 19.

[3]) Brückmann, E.T.Z. 1910, S. 859.

[4]) Rüdenberg, Energie der Wirbelströme. Stuttgart, Sonderausgabe.

[5]) Rogowski, Zeitschrift für Elektrotechnik und Maschinenbau 1911, Heft 45.

Allgemeine Gleichungen.

Zur Aufstellung der Grundgleichungen der Wirbelstromerscheinungen soll von denselben Voraussetzungen ausgegangen werden, unter denen Rüdenberg[1]) seine bekannte Theorie der Wirbelstrombremsen entwickelt hat.

Wir bedienen uns im folgenden der Vektorenrechnung und es sollen sämtliche Rechnungen auf ein Rechtssystem rechtwinkliger Koordinaten bezogen werden.

Als gegeben betrachten wir an jeder Stelle des Raumes, sowohl innerhalb des Metalls, in dem Wirbelströme fließen, als auch außerhalb, die von außen erregten und um einen beliebigen Winkel verschobenen Wechselfelder mit den Induktionen $\mathfrak{B}_1^a$ und $\mathfrak{B}_2^a$.

Zur Berechnung der Wirbelstromerscheinungen gehen wir von den Grundgleichungen der Elektrodynamik für ruhende Körper aus, da wir nur solche Anordnungen betrachten, bei denen sich das Feld zeitlich ändert und der metallene Leiter sich mit gleichförmiger Winkelgeschwindigkeit durch das Feld bewegt. Nun ist aber die induzierte elektrische Feldstärke in jedem Körperelemente nicht nur von dem äußeren Felde $\mathfrak{B}^a$ abhängig, sondern auch von dem Selbstinduktionsfelde $\mathfrak{B}^s$, das die Ströme selbst erzeugen, und das daher auf ein bewegtes System bezogen werden müßte. Man kann aber von dem Prinzip der Relativgeschwindigkeit Gebrauch machen und dem ursprünglichen Felde $\mathfrak{B}^a$ eine ideelle Geschwindigkeit, genau entgegengesetzt und von gleicher Größe mit der wirklichen des Körpers erteilen, während man sich den induzierten Körper ruhend denkt. Dann hat man den Vorteil, sämtliche Vorgänge auf ein ruhendes System beziehen zu können. Nach vollständiger

---

[1]) Rüdenberg, Energie der Wirbelströme, S. 5.

Lösung des Problems kann man mit Leichtigkeit zum ursprünglichen Zustande zurückkehren.

Eine wesentliche Voraussetzung, ohne welche derartige Rechnungen meist nicht ausführbar sind, soll von vornherein gemacht werden: die Permeabilität μ von ferromagnetischem Material soll, falls dieses im Wirkungsbereiche der Wirbelströme liegt, als räumlich und zeitlich konstant betrachtet werden. Die Abweichungen, die hierdurch vom wirklichen Verhalten hervorgerufen werden, sind klein und können ruhig vernachlässigt werden.

Ferner soll bei allen Untersuchungen vorausgesetzt werden, daß der Beharrungszustand erreicht ist. Trifft dies nicht zu, sondern ist die Geschwindigkeit des Rotors mit der Zeit veränderlich, was auch hier wegen der elliptischen Form des Drehfeldes zutrifft, so ist es doch zulässig, in jedem Moment das Drehmoment als unabhängig von der augenblicklich herrschenden Geschwindigkeit aufzufassen, so daß die hier abgeleiteten Formeln anwendbar sind.

Die elektrische Feldstärke $\mathfrak{E}_i$, die an jeder Stelle des metallischen Körpers durch das variable Feld $\mathfrak{B}$ induziert wird, ergibt sich aus der einen Hauptgleichung des elektromagnetischen Feldes:

$$\text{curl } \mathfrak{E}_i = - \frac{\partial \mathfrak{B}}{\partial t} \quad \ldots \ldots \ldots \quad (1)$$

Der magnetische Vektor ist entstanden zu denken aus der Übereinanderlagerung der beiden Felder $\mathfrak{B}^a$, das von vornherein bestand, und $\mathfrak{B}^s$, das durch die Wirbelströme hervorgerufen wird:

$$\mathfrak{B} = \mathfrak{B}^a + \mathfrak{B}^s \quad \ldots \ldots \ldots \quad (2)$$

Das Feld der Wirbelströme ergibt sich aus der andern Hauptgleichung:

$$\text{curl } \mathfrak{H}^s = 4\,\pi \cdot i \quad \ldots \ldots \ldots \quad (3)$$

wobei $\mathfrak{B}^s = \mu \cdot \mathfrak{H}^s$ und i der Vektor der Wirbelströmung an der betrachteten Stelle des Raumes ist.

Im allgemeinen wird sich an gewissen Stellen des induzierten Körpers freie Elektrizität anhäufen; ihr Potential sei V, dann ist die elektrostatische Feldstärke:

$$\mathfrak{E}_f = - \nabla V.$$

Die Summe aus induzierter und statischer elektrischer Feldstärke ruft jetzt eine elektrische Strömung hervor, die ihr gleichgerichtet ist nach dem Ohmschen Elementargesetze:

$$\mathfrak{E}_i - \nabla V = \varrho\, i \ . \ . \ . \ . \ . \ . \ . \ . \quad (4)$$

wobei ϱ den spezifischen Widerstand des homogen gedachten Metalles bedeutet.

Trotzdem sich der Rotor durch die Wirbelströme erwärmt, betrachten wir vorerst ϱ als konstant. Zeitlich ist es unveränderlich, weil Beharrungszustand vorausgesetzt wurde. Räumlich tritt zwar wegen des Temperaturkoeffizienten eine geringe Veränderlichkeit ein, weil die Wärmeerzeugung und Temperatur nicht an allen Punkten des Rotors dieselbe ist, doch ist wegen der großen Wärmeleitfähigkeit der Metalle der Temperaturunterschied im Innern nur ein äußerst geringer.

Durch die Gl. (1) und (4) ist die Erzeugung der Wirbelströme bestimmt. Ihr Verlauf ist jedoch noch nicht eindeutig festgelegt, da über die Verteilung und Größe der freien Elektrizität und daher von ∇V noch nichts bekannt ist. Nun gibt es aber ein allgemeines Gesetz, das die räumliche Verteilung elektrischer Ströme einschränkt, es lautet:

$$\operatorname{div} i = 0 \ . \ . \ . \ . \ . \ . \ . \ . \quad (5)$$

Für lineare Leiter geht es einfach in das Kirchhoffsche Gesetz für Stromverzweigungen über: $\Sigma i = 0$.

Nimmt man von Gl. (4) die Divergenz und beachtet Gl. (5), so bestimmt sich jetzt das Potential der freien Elektrizität aus:

$$\nabla^2 V = \operatorname{div} \mathfrak{E}_i.$$

Für jedes magnetische Feld gilt noch die Beziehung:

$$\operatorname{div} \mathfrak{B} = 0 \ . \ . \ . \ . \ . \ . \ . \ . \quad (6)$$

die die räumliche Verteilung der Induktion einschränkt.

Aus Gl. (1) bis (6) können wir nun die Differentialgleichungen unseres Problems herleiten.

Weil curl $V = 0$, so folgt aus Gl. (4) und (1):

$$\operatorname{curl} \mathfrak{E}_i = \varrho \operatorname{curl} i = -\frac{\partial \mathfrak{B}}{\partial t}$$

und mit Berücksichtigung von Gl. (2):

$$\varrho \operatorname{curl} i + \frac{\partial \mathfrak{B}^s}{\partial t} = -\frac{\partial \mathfrak{B}^a}{\partial t} \ . \ . \ . \ . \ . \ . \quad (7)$$

Nimmt man von dieser Gleichung den curl, so entsteht unter Beachtung der Regel:

$$\mathrm{curl}\,(\mathrm{curl}\,i) = -\nabla^2 i + \nabla \,\mathrm{div}\,i$$

und Gl. (5):

$$-\varrho\,\nabla^2 i + \frac{\partial}{\partial t}\,\mathrm{curl}\,\mathfrak{B}^s = 0\,,$$

denn das äußere Feld besitzt nur dort einen curl, wo sein Erregerstrom fließt. Setzt man jetzt den Wert von curl $\mathfrak{B}^s$ $= \mu\,\mathrm{curl}\,\mathfrak{H}^s$ aus Gl. (3) ein, so erhält man als Differentialgleichung der Wirbelströme:

$$\frac{\varrho}{4\,\pi\cdot\mu}\,\nabla^2 i - \frac{\partial i}{\partial t} = 0 \quad . \quad . \quad . \quad . \quad . \quad . \quad (8)$$

Nimmt man andererseits von Gl. (3) den curl und setzt ihn in Gl. (7) ein, so erhält man auf dieselbe Weise:

$$\frac{\varrho}{4\,\pi\cdot\mu}\,\nabla^2 \mathfrak{B}^s - \frac{\partial\,\mathfrak{B}^s}{\partial t} = \frac{\partial\,\mathfrak{B}^a}{\partial t} \quad . \quad . \quad . \quad . \quad . \quad (9)$$

als Differentialgleichung des magnetischen Feldes.

Man könnte nun durch Aufsuchen von Integralen der Gl. (8) das Problem zu lösen suchen, doch würde noch nichts den Zusammenhang der erzeugten Strömung mit dem erzeugenden Felde $\mathfrak{B}^a$ vermitteln. Man kommt deshalb schneller zum Ziele, wenn man aus Gl. (9) das Feld der Wirbelströme in Abhängigkeit von $\mathfrak{B}^a$ berechnet, dann ergibt sich aus Gl. (3) die Strömung zu

$$i = \frac{1}{4\,\pi\cdot\mu}\cdot\mathrm{curl}\,\mathfrak{B}^s \quad . \quad . \quad . \quad . \quad . \quad . \quad (10)$$

ein Ausdruck, der leicht auszuwerten ist.

Die Unbekannten i und $\mathfrak{B}^s$ sind durch partielle Differentialgleichungen zweiter Ordnung von der Form der Wärmeleitungsgleichungen bestimmt, zu deren Lösung noch die Bestimmung zweier willkürlicher Funktionen erforderlich ist. Dazu dient hier erstens die gegebene Verteilung von $\mathfrak{B}^a$ und zweitens die Forderung, daß der Zustand der Wirbelströmung stationär sein soll, wobei periodische Erscheinungen auch als stationär gelten mögen. Außerdem sind im speziellen Falle noch gewisse Grenzbedingungen für i und $\mathfrak{B}^s$ vorgeschrieben, so daß das Bild der Strömung eindeutig bestimmt ist.

I. Theorie der Ferrarismeßgeräte.

Der großen Zahl von Konstruktionen für Zähler und direkt zeigende Instrumente dieses Prinzips, die im Laufe der Zeit auf dem Weltmarkt erschienen sind, liegt allen der Ferrarissche Versuch zugrunde, daß ein Metallzylinder oder eine Metallscheibe durch zwei oder mehrere räumlich und zeitlich verschobene Wechselfelder in Drehung versetzt wird. Die einzelnen Konstruktionen werden sich deshalb durch die Art der Anordnung der Pole bzw. Felder, durch die Art der Erreichung der gewünschten Phasenverschiebung derselben, durch die Form und Größe des Rotors und das dazu verwendete Material, und schließlich durch die Art des Verwendungszweckes des betreffenden Apparates voneinander unterscheiden. Es wäre deshalb zwecklos, eine allgemein gültige Arbeitsgleichung aufstellen zu wollen, da sie bei der einen oder anderen Konstruktion zu falschen Resultaten führen würde oder sogar nicht anwendbar wäre.

Es sollen deshalb im folgenden diese Apparate nach dem Verwendungszweck und der Art der Anordnung der Felder in Klassen eingeteilt werden, die sich dann getrennt behandeln lassen.

Die Art des Verwendungszweckes wird zwei Hauptklassen zulassen, in die sich diese Ferrarismeßgeräte einteilen lassen, nämlich[1]):

A. direkt zeigende und registrierende Meßinstrumente, bei denen der bewegliche Metallkörper durch das erzeugte Bewegungsmoment gegen eine Direktionskraft aus einer Nullage in eine andere Gleichgewichtslage gedrängt wird, und

---

[1]) Diese Einteilung stammt von Görner her, S.E.Z. S. 612.

B. indirekt zeigende Meßinstrumente oder Zähler, bei denen der bewegliche Metallkörper in eine dauernde Bewegung versetzt wird.

Wie wir aber später sehen werden, lassen sich diese beiden Klassen in einer Theorie behandeln, da die erste einen Grenzzustand der zweiten darstellt.

Anders hingegen ist es mit der Art der Anordnung der Pole bzw. Felder. Hierbei werden wir zu unterscheiden haben:

1. Symmetrische Anordnung der Felder und

2. Unsymmetrische Anordnung der Felder.

Während bei der ersten Art praktisch sowohl scheiben- als auch zylinderförmige Rotoren zur Anwendung kommen, werden bei der zweiten Art vorwiegend scheibenförmige Rotoren verwendet, wohl um ungünstige Streuverhältnisse zu vermeiden.

Nach dieser Einteilung soll nun im folgenden die Theorie dieser Apparate behandelt werden, und zwar sowohl bei sinusförmigen Feldern als auch bei beliebigen, aber symmetrischen Feldern.

1. Symmetrische Anordnung der Felder.

a) Sinusförmige Felder.

Wir legen unseren Betrachtungen einen Zähler zugrunde, bei dem die Wechselfelder symmetrisch, d. h. räumlich um 90° gegeneinander versetzt am Umfange eines Zylinders angeordnet sind (Fig. 1). Der Rotor, aus irgendeinem homogen gedachten, nicht ferromagnetischen Metall, bewege sich zwischen den Polen der aus lamelliertem Eisen hergestellten Wechselstrommagnete. Im Innern des Rotors befindet sich ebenfalls ein lamellierter Eisenkern, um die Kraftlinien zu zwingen, den Rotor senkrecht zu durchsetzen.

Die Pole sollen in der z_2-Richtung die Stromspulen tragen und vom Hauptstrom erregt werden,

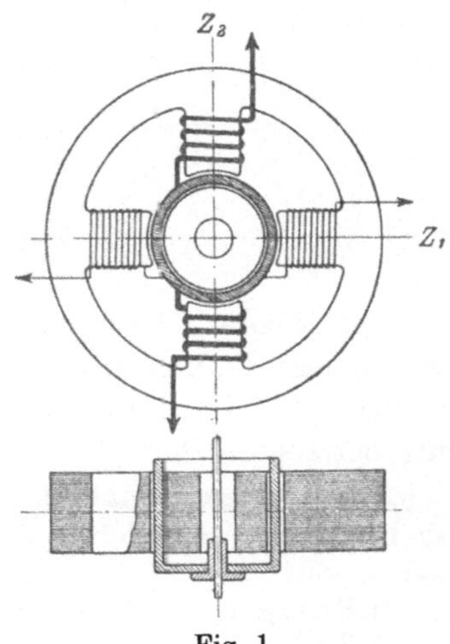

Fig. 1.

während diejenigen in der z_1-Richtung von einem der Netzspannung proportionalen Strom erregt werden sollen. Das Stromfeld soll zeitlich um $(90 \pm \gamma \pm \varphi)^0$ gegen das Spannungsfeld verschoben sein, wobei γ dem Phasenabweichungswinkel von 90^0 und φ einem dem Leitungsfaktor im äußeren Stromkreis entsprechenden Winkel entspricht. Das Vorzeichen von γ ist im Sinne der Fig. 2 zu wählen, während dasjenige von $\pm \varphi$ entweder induktiver oder kapazitiver Belastung entspricht.

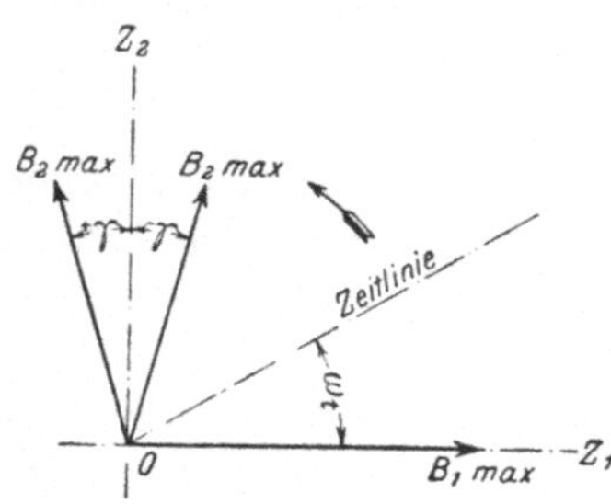

Fig. 2. Diagramm der Feldvektoren.

Man könnte nun, wie es früher von Brugger[1]) geschehen ist, die gegebenen Wechselfelder graphisch zu einem resultierenden Felde zusammensetzen und daraus die Stromverteilung im Rotor ermitteln. Es soll jedoch hier vorgezogen werden, diese Stromverteilung für jedes Feld getrennt zu ermitteln, da diese zwar etwas umständliche Rechnung eine bessere Einsicht in die Rotorverhältnisse gestattet.

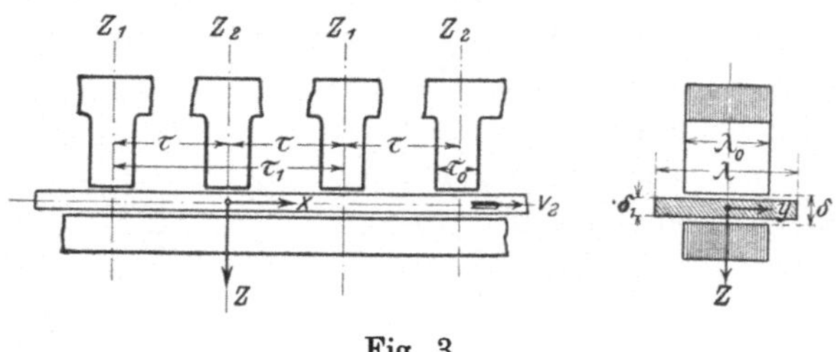

Fig. 3.

Zur theoretischen Untersuchung machen wir die Annahme, der mittlere Radius des Rotors sei gegen den Abstand zweier Magnetschenkel so groß, daß man kürzere Abschnitte als geradlinig betrachten darf[2]).

Durch diese Annahme können wir uns das ganze System der Fig. 1 an irgendeiner Stelle aufgeschnitten und abgerollt

[1]) Brugger, E.T.Z. 1895, S. 677.
[2]) Rüdenberg, Energie der Wirbelströme, S. 11.

denken, so daß wir jetzt Fig. 3 erhalten. Dadurch erhalten wir aber den praktisch wichtigen Vorteil, daß wir der ganzen Rechnung ein geradliniges Koordinatensystem zugrunde legen können.

Man könnte nun für jeden Punkt des Zylinders oder deren Nähe die magnetische Induktion $\mathfrak{B}^a$ jedes Wechselfeldes bei entferntem Rotor nach Größe, Zeit und Richtung angeben. Da wir aber voraussetzen wollen, daß die Zylinderdicke δ_1 klein ist gegenüber der Polteilung, so dürfen wir aus Symmetriegründen annehmen, daß innerhalb des Zylinders nur eine Induktionskomponente in der z-Richtung vorhanden ist. Die Verteilung der Induktion $\mathfrak{B}^a$ der einzelnen Felder im Luftspalt läßt sich dann aus einem Kraftlinienbilde bestimmen und wird ungefähr für diese angenommene Anordnung der Pole den in Fig. 4 für verschiedene Zeitmomente aufgezeichneten Verlauf zeigen.

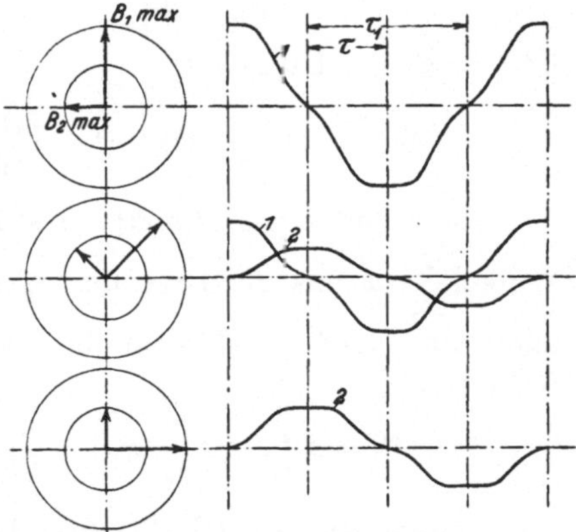

Fig. 4. Feldverteilung im Luftspalt für verschiedene Zeitmomente.

Eine solche periodische Funktion von mehreren Veränderlichen läßt sich nach einem bekannten Satze von Fourier in trigonometrische Reihen zerlegen[1]).

Als Halbperiode betrachten wir in der x-Richtung die doppelte Polteilung $2\tau = \tau_1$, da wir das ganze System der Fig. 1 als zweipolig auffassen können und in der y-Richtung zweckmäßigerweise die Zylinderlänge λ.

Wie aus der Fig. 4 hervorgeht, ist die Feldverteilung im Luftspalt nicht ganz sinusförmig. Es soll aber trotzdem vorausgesetzt werden, daß die in der z_1- und z_2-Richtung wirkenden MMKe der beiden Wicklungen im Luftspalt ein sinusförmiges Feld erzeugen.

---

[1]) Arnold, Wechselstromtechnik, Bd. I, 2. Aufl., S. 221.

Ist nun zur Zeit $t = 0$ in der z_1-Richtung die Induktion im Maximum, so wird dieselbe in der z_2-Richtung nicht Null sein, sondern wird um den Winkel $(\pm \gamma \pm \varphi^0)$ über die Null-lage hinausgedreht erscheinen.

Zu einer beliebigen Zeit t ist dann die Induktion in der z_1-Richtung:

$$\mathfrak{B}^a_{1zt} = B_{1\,max} \cdot \cos \omega t$$

und in der z_2-Richtung:

$$\mathfrak{B}^a_{2zt} = B_{2\,max} \cdot \cos \left[\omega t - \left(\frac{\pi}{2} + \gamma \pm \varphi \right) \right] \qquad \left. \right\} \quad \cdot \quad \cdot \quad \cdot \quad (11)$$

In irgend einem Punkte des Rotorumfanges, der um den Winkel $\dfrac{\pi}{\tau_1} \cdot x$ aus der Lage der z_1-Achse entfernt liegt, besteht dann im gleichen Moment bei sinusförmiger Verteilung die Induktion:

$$\mathfrak{B}^a_{zt} = \mathfrak{B}^a_{1zt} \cos \frac{\pi}{\tau_1} \cdot x + \mathfrak{B}^a_{2zt} \cos \left(\frac{\pi}{\tau_1} x - 90^0 \right)$$

oder indem wir aus Gl. (11) die Werte einsetzen, so wird:

$$\mathfrak{B}^a_{zt} = B_{1\,max} \cdot \cos \omega t \cdot \cos \frac{\pi}{\tau_1} x + B_{2\,max} \cos \left[\omega t - \left(\frac{\pi}{2} + \gamma \pm \varphi \right) \right]$$

$$\cdot \cos \left(\frac{\pi}{\tau_1} x - 90^0 \right) = \frac{1}{2} B_{1\,max} \left[\cos \left(\omega t + \frac{\pi}{\tau_1} x \right) + \cos \left(\omega t - \frac{\pi}{\tau_1} x \right) \right]$$

$$+ \frac{1}{2} B_{2\,max} \left\{ \cos \left[\omega t + \frac{\pi}{\tau_1} x - (\pi \pm \gamma \pm \varphi) \right] \right.$$

$$\left. + \cos \left[\omega t - \frac{\pi}{\tau_1} x - (\pm \gamma \pm \varphi) \right] \right\} \quad \cdot \quad \cdot \quad \cdot \quad \cdot \quad (11\,a)$$

Dadurch erscheint also jedes Wechselfeld in zwei ent-gegengesetzt rotierende Drehfelder aufgelöst genau so, wie wir sie auf graphischem Wege erhalten hatten. Nun wissen wir aber, daß sich ein Feld im Sinne der Zählrichtung von x be-wegt, wenn ωt und x verschiedene Vorzeichen haben, so daß wir also ein rechtsläufiges und linksläufiges Drehfeld erhalten.

Setzen wir nun zur Abkürzung für $\dfrac{1}{2} B_{1\,max} = P$ und für $\dfrac{1}{2} B_{2\,max} = Q$ und gehen wir von der Fig. 3 aus, so erhalten wir jetzt für einen Punkt im Abstand x, y von der z_1-Achse zu einer beliebigen Zeit t die Induktionen des rechts- und linksläufigen Drehfeldes:

$$\left.\begin{aligned}
\mathfrak{B}_{zr}^{a} &= \left\{ P \cos\left(\omega t - \frac{\pi}{\tau_1} \cdot x\right) + Q \cos\left[\omega t - \frac{\pi}{\tau_1} x - (\mp \gamma \pm \varphi)\right] \right\} \\
&\qquad\qquad \cdot \cos\frac{\pi}{\lambda} y \\
\mathfrak{B}_{zl}^{a} &= \left\{ P \cdot \cos\left(\omega t + \frac{\pi}{\tau_1} \cdot x\right) + Q \cos\left[\omega t + \frac{\pi}{\tau_1} x - (\pi \mp \gamma \pm \varphi)\right] \right\} \\
&\qquad\qquad \cdot \cos\frac{\pi}{\lambda} y
\end{aligned}\right\} \quad (11)$$

Diese Gleichungen stellen uns nun die fortschreitenden Wellen der resultierenden Induktionen bei ruhendem Rotor dar.

Nun möge aber der Rotor mit einer Geschwindigkeit v_2 im Sinne des rechtsläufigen Feldes rotieren, so daß für die Berechnung der Wirbelströme nicht mehr die Geschwindigkeit des Feldes allein, sondern die Relativgeschwindigkeit zwischen Feld und Rotor in Betracht kommt.

Im früheren Kapitel haben wir die Gleichungen der Elektrodynamik für ruhende Körper abgeleitet und dabei bemerkt, daß wir dem Magnetsystem eine ideelle Geschwindigkeit genau entgegengesetzt der wirklichen des Rotors erteilen können und uns den Rotor ruhend denken.

Das hat dann die gleiche Wirkung, als wenn das Magnetsystem sich in Ruhe und der Rotor sich in Bewegung befindet.

Unter dieser Annahme wird nun die Relativgeschwindigkeit zwischen dem rechtläufigen Feld und dem rotierend gedachten Magnetsystem:

$$v + v_2 = v_r \quad\ldots\ldots\ldots \quad (13\,\text{a})$$

und zwischen dem linksläufigen Feld und Magnetsystem:

$$v - v_2 = v_l \quad\ldots\ldots\ldots \quad (13\,\text{b})$$

Ob die angenommene Drehrichtung des Rotors der Wirklichkeit entspricht, hat auf die weitere Rechnung insofern keinen Einfluß, daß sich beim Endergebnis gegebenenfalls nur einige Faktoren vertauschen würden.

Setzen wir nun noch zur Abkürzung:

$$\left.\begin{array}{c} \dfrac{\pi}{\tau_1} = \alpha_1 \quad \text{und} \quad \dfrac{\pi}{\lambda} = \beta \\[2mm] \omega = \alpha_1 \cdot v \end{array}\right\} \quad\ldots\ldots\quad (14)$$

worin v die Feldgeschwindigkeit $v = 2\,\tau_1 \cdot c$ und c die Periodenzahl bedeutet, so lauten jetzt die fortschreitenden Wellen der Induktion des rechts- und linksläufigen Feldes:

$$\left.\begin{aligned} \mathfrak{B}^a_{zr} &= \left\{ P \cdot \cos\alpha_1 (v_r t - x) + Q \cdot \cos[\alpha_1 (v_r t - x) - (\pm\gamma \pm \varphi)] \right\} \\ &\qquad \cdot \cos\beta\,y \\[2mm] \mathfrak{B}^a_{zl} &= \left\{ P \cdot \cos\alpha_1 (v_l t + x) + Q \cdot \cos[\alpha_1 (v_l t + x) - (\pi \pm\gamma \pm \varphi)] \right\} \\ &\qquad \cdot \cos\beta\,y \end{aligned}\right\} (15)$$

Man könnte nun mit jeder dieser Gleichungen das Feld der Wirbelströme bzw. die Wirbelströme selbst berechnen. Es soll aber hier vorgezogen werden, die Rechnung getrennt für jede Komponente dieser beiden Gleichungen durchzuführen.

Setzen wir noch der Einfachheit halber

$$\pm\gamma \pm \varphi = \Theta_1 \quad \text{und} \quad \pi \pm \gamma \pm \varphi = \Theta_2,$$

so lauten die einzelnen Komponenten:

$$\left.\begin{aligned} \mathfrak{B}^a_{zr_1} &= P \cdot \cos\alpha_1 (v_r t - x) \cos\beta\,y \\[1mm] \mathfrak{B}^a_{zr_2} &= Q \cdot \cos[\alpha_1 (v_r t - x) - \Theta_1] \cos\beta\,y \\[1mm] \mathfrak{B}^a_{zl_1} &= P \cdot \cos\alpha_1 (v_l t + x) \cos\beta\,y \\[1mm] \mathfrak{B}^a_{zl_2} &= Q \cdot \cos[\alpha_1 (v_l t + y) - \Theta_2] \cos\beta\,y \end{aligned}\right\} \quad\cdot\quad (15\,\mathrm{a})$$

Bei der Berechnung der Wirbelströme soll gleich von Anfang an die Rückwirkung derselben auf das äußere Feld mit in Betracht gezogen werden. Wir dürfen dann verlangen, daß wir für den Fall kleiner Geschwindigkeit des Feldes, $y = \pm\dfrac{\lambda}{2}$ Trennquerschnitte durch die Ebene x, y legen dürfen, ohne am Verlauf der Wirbelströme etwas zu ändern[1]).

Diese Stromverteilung würde aber ein Feld $\mathfrak{B}^s$ erzeugen,

---

[1]) Ein Bild eines solchen Stromverlaufes ist in der Arbeit von Rüdenberg in Fig. 3, S. 16 der Sonderausgabe aufgezeichnet.

das innerhalb des Rotors sicher in der z-Richtung verliefe, das aber außerdem periodischen Verlauf nach x und y besäße.

Das wahre $\mathfrak{B}^s$ wird deshalb der Größe nach von diesem Ankerfelde erster Ordnung abweichen, die allgemeinen Eigenschaften dürften aber dieselben bleiben.

Für das Feld der Wirbelströme machen wir nach Rüdenberg den Ansatz für die erste Komponente:

$$\left.\begin{aligned}
&\mathfrak{B}^s_{x\,s_1} = \mathfrak{B}^s_{y\,r_1} = 0 \\
&\mathfrak{B}^s_{z\,r_1} = \left[R_{r_1} \sin \alpha_1 (v_r\,t - x) + S_{r_1} \cos \alpha_1 (v_r\,t - x)\right] \cos \beta\,y
\end{aligned}\right\}$$

Soll dieser Ansatz richtig sein, so muß er erstens die Differentialgleichung (9) befriedigen und außerdem muß der aus Gl. (10) berechnete Strom den Grenzbedingungen Genüge leisten.

Die Gleichung für das magnetische Feld war:

$$\frac{\varrho}{4\,\pi \cdot \mu} \cdot \nabla^2 \cdot \mathfrak{B}^s_{z\,r_1} + \frac{\partial \mathfrak{B}^s_{z\,r_1}}{\partial t} = \frac{\partial \mathfrak{B}^a_{z\,r_1}}{\partial t}$$

und in unserem Falle die Laplacesche Operation:

$$\nabla_1 \mathfrak{B}^s_{z\,r_1} = \frac{\partial^2 \mathfrak{B}^s_{z\,r_1}}{\partial x^2} + \frac{\partial^2 \mathfrak{B}^s_{z\,r_1}}{\partial y^2}\,.$$

Im einzelnen wird:

$$\frac{\partial^2 \mathfrak{B}^s_{z\,r_1}}{\partial x^2} = -\alpha_1^2 \left[R_{r_1} \cdot \sin \alpha_1 (v_r\,t - x) + S_{r_1} \cdot \cos \alpha_1 (v_r\,t - x)\right] \cos \beta\,y$$

$$\frac{\partial^2 \mathfrak{B}^s_{z\,r_1}}{\partial y^2} = -\beta^2 \left[R_{r_1} \cdot \sin \alpha_1 (v_r\,t - x) + S_{r_1} \cdot \cos \alpha_1 (v_r\,t - x)\right] \cos \beta\,y$$

$$\frac{\partial B^s_{z\,r_1}}{\partial t} = \left[\alpha_1 \cdot v_r \cdot R_{r_1} \cos \alpha_1 (v_r\,t - x) + S_{r_1} \cdot \alpha_1 \cdot v_r \cdot \sin (v_r\,t - x)\right] \cos \beta\,y$$

$$\frac{\partial \mathfrak{B}^a_{z\,r_1}}{\partial t} = -\alpha_1 \cdot v_r \cdot P \cdot \sin \alpha_1 (v_r\,t - x) \cos \beta\,y.$$

Diese 4 Gleichungen ergeben in Gl. (9) eingesetzt, zwei Bestimmungsgleichungen für R_{r_1} und S_{r_1}, denn da sie für jedes x gelten müssen, so müssen die Faktoren von $\sin \alpha_1 (v_r\,t - x)$ und $\cos \alpha_1 (v_r\,t - x)$ je für sich einander gleich sein.

Daraus folgt:

$$\left.\begin{aligned}
-\frac{\varrho}{4\,\pi\cdot\mu}\,(\alpha_1{}^2+\beta_1{}^2)\,R_{r_1}+\alpha_1\cdot v_r\cdot S_{r_1}&=-v_r\cdot P\\[2mm]
-\frac{\varrho}{4\,\pi\cdot\mu}\,(\alpha_1{}^2+\beta_1{}^2)\,S_{r_1}-\alpha_1\cdot v_r\cdot R_{r_1}&=0
\end{aligned}\right\}$$

Ersetzt man noch α_1 und β durch ihre Werte und multipliziert beide Gleichungen noch mit τ_1, so folgt

$$\left.\begin{aligned}
-\frac{\varrho}{4\,\lambda\cdot\mu}\left(\frac{\lambda}{\tau_1}+\frac{\tau_1}{\lambda}\right)R_{r_1}+v_r\cdot S_{r_1}&=-v_r\,P\\[2mm]
-\frac{\varrho}{4\,\lambda\cdot\mu}\left(\frac{\lambda}{\tau_1}+\frac{\tau_1}{\lambda}\right)S_{r_1}+v_r\,R_{r_1}&=0
\end{aligned}\right\}$$

Zur Abkürzung soll nun noch gesetzt werden:

$$\left.\begin{aligned}
l&=4\,\mu\cdot\lambda\\[2mm]
w&=\frac{\lambda}{\tau_1}+\frac{\tau_1}{\lambda}
\end{aligned}\right\}\qquad\ldots\ldots\ldots\quad(16)$$

da diese Faktoren häufig wiederkehren werden.

Sieht man vorläufig von μ ab, so sind l und w nur von der Dimensionierung des Rotors bzw. des Magnetsystems abhängig.

Die Konstanten R_{r_1} und S_{r_1} ergeben sich nun zu:

$$\left.\begin{aligned}
R_{r_1}&=+v_r\cdot P\,\frac{\varrho\cdot w\cdot l}{(l\cdot v_r)^2+(\varrho\,w)^2}\\[2mm]
S_{r_1}&=-v_r\cdot P\,\frac{v_r\cdot l^2}{(l\cdot v_r)^2+(\varrho\,w)^2}
\end{aligned}\right\}\qquad\ldots\ldots\quad(17)$$

Der Ansatz von $\mathfrak{B}_{z\,r_1}^{s}$ befriedigt also die Differentialgleichung, wenn R_{r_1} und S_{r_1} nach Gl. (17) gewählt werden.

Zur Berechnung der Strömung beachten wir, daß

$$\left.\begin{aligned}
4\,\pi\,\mu\cdot i_{x\,r_1}&=\operatorname{curl}_x\mathfrak{B}_{z\,r_1}^{s}=\frac{\partial\,\mathfrak{B}_{z\,r_1}^{s}}{\partial\,y}\\[2mm]
&=-\beta\,[R_{r_1}\sin\alpha_1\,(v_r\,t-x)+S_{r_1}\cos\alpha_1\,(v_r\,t-x)]\sin\beta\,y\\[2mm]
4\,\pi\,\mu\cdot i_{y\,r_1}&=\operatorname{curl}_y\mathfrak{B}_{z\,r_1}^{s}=\frac{\partial\,\mathfrak{B}_{z\,r_1}^{s}}{\partial\,y}\\[2mm]
&=\alpha_1\,[R_{r_1}\cdot\cos\alpha_1\,(v_r\,t-x)-S_{r_1}\sin\alpha_1\,(v_r\,t-x)]\cos\beta\,y\\[2mm]
4\,\pi\,\mu\cdot i_{z\,r_1}&=\operatorname{curl}_z\mathfrak{B}_{z\,r_1}^{s}=0
\end{aligned}\right\}$$

Die Komponenten der Strömung ergeben sich nun zu:

$$i_{xr_1} = -\frac{1}{4\,\mu\cdot\lambda}\left[R_{r_1}\cdot\sin\alpha_1(v_r\,t-x)+S_{r_1}\cos\alpha_1(v_r\,t-x)\right]\sin\beta\,y$$

$$i_{yr_1} = +\frac{1}{4\,\mu\cdot\lambda}\left[R_{r_1}\cos\alpha_1(v_r\,t-x)-S_{r_1}\cdot\sin\alpha_1(v_r\,t-x)\right]\cos\beta\,y$$

Führen wir noch einen Winkel ψ ein, definiert durch

$\operatorname{tg}\psi_{r_1}=\dfrac{S_{r_1}}{R_{r_1}}$ und definieren wir die Amplituden der Strömung

durch:

$$J_{1r_1}=\frac{1}{4\,\mu\,\lambda}\cdot\sqrt{R_{r_1}^2+S_{r_1}^2}$$

$$J_{2r_2}=\frac{1}{4\,\mu\,\lambda}\cdot\sqrt{R_{r_1}^2+S_{r_1}^2} \qquad \ldots\ldots \text{(17 a)}$$

so läßt sich die Strömung schreiben;

$$i_{xr_1}=-J_{1r_1}\sin\left[\alpha_1(v_r\,t-x)-\psi_{r_1}\right]\sin\beta\,y$$

$$i_{yr_1}=+J_{2r_1}\cdot\cos\left[\alpha_1(v_r\,t-x)-\psi_{r_1}\right]\cos\beta\,y \qquad \ldots \text{(18)}$$

Die Amplitude der Strömung erhalten wir, indem man aus Gl. (17) die Werte von R_{r_1} und S_{r_1} in Gl. (17 a) einsetzt.

Es ist

$$\sqrt{R_{r_1}^2+S_{r_1}^2}=\frac{v_r\cdot l}{\sqrt{(v_r\,l)^2+(\varrho\,w)^2}}\cdot P.$$

Dann wird

$$J_{1r_1}=\frac{v_r}{\sqrt{(v_r\,l)^2+(\varrho\cdot w)^2}}\cdot P$$

$$J_{2r_1}=\frac{v_r}{\sqrt{(v_r\cdot l)^2+(\varrho\cdot w)^2}}\cdot\frac{\lambda}{\tau_1}\cdot P \qquad \ldots\ldots \text{(19)}$$

Für die anderen Komponenten des äußeren Feldes führen wir dieselbe Rechnung durch. Der Einfachheit halber möge aber nur das Endresultat angegeben werden. Für die zweite Komponente des rechtsläufigen Feldes ergeben sich die einzelnen Konstanten zu:

$$R_{r_1}=+v_r\cdot Q\,\frac{\varrho\cdot w\cdot l}{(v_r\cdot l)^2+(\varrho\,w)^2}$$

$$S_{r_1}=-v_r\cdot Q\,\frac{v_r\cdot l^2}{(v_r\cdot l)^2+(\varrho\,w)^2} \qquad \ldots\ldots \text{(17}_1\text{)}$$

und die Strömung zu:

$$\left.\begin{array}{l} i_{x\,r_2} = -\,J_{1\,r_2}\sin\left[\alpha_1\left(v_r t - x\right) - \Theta_1 - \psi_{r_2}\right]\sin\beta\,y \\[2mm] i_{y\,r_2} = +\,J_{2\,r_2}\cos\left[\alpha_1\left(v_r t - x\right) - \Theta_1 - \psi_{r_2}\right]\cos\beta\,y \end{array}\right\}\quad.\quad(18_1)$$

Die Werte von J_1 und J_2 ändern sich nur in den Faktoren P und Q, und brauchen deshalb nicht wiederholt zu werden.

Ebenso ergibt sich für die erste Komponente des linksläufigen Feldes:

$$\left.\begin{array}{l} R_{l_1} = -\,v_l\cdot P\,\dfrac{\varrho\,w\cdot l}{(v_l\cdot l)^2 + (\varrho\,w)^2} \\[4mm] S_{l_1} = -\,v_l\cdot P\,\dfrac{v_l\cdot l^2}{(v_l\cdot l)^2 + (\varrho\,w)^2} \end{array}\right\}\quad.\quad.\quad.\quad.\quad(17_2)$$

und die Strömung:

$$\left.\begin{array}{l} i_{x\,l_1} = -\,J_{1\,l_1}\sin\left[\alpha_1\left(v_l t + x\right) - \psi_{l_1}\right]\sin\beta\,y \\[2mm] i_{y\,l_1} = -\,J_{2\,l_1}\cos\left[\alpha_1\left(v_l t + x\right) - \psi_{l_1}\right]\cos\beta\,y \end{array}\right\}\quad.\quad.\quad(18_2)$$

Für die zweite Komponente des linksläufigen ergibt sich schließlich:

$$\left.\begin{array}{l} \overset{\cdot}{R}_{l_2} = -\,v_l\cdot Q\,\dfrac{\varrho\cdot w\cdot l}{(v_l\cdot l)^2 + (\varrho\,w)^2} \\[4mm] S_{l_2} = +\,v_l\cdot Q\,\dfrac{v_l\cdot l}{(v_l\cdot l)^2 + (\varrho\,w)^2} \end{array}\right\}\quad.\quad.\quad.\quad.\quad(17_3)$$

und für die Strömung:

$$\left.\begin{array}{l} i_{x\,l_2} = -\,J_{1\,l_2}\sin\left[\alpha_1\left(v_l t + x\right) - \Theta_2 - \psi_{l_2}\right)\sin\beta\,y \\[2mm] i_{y\,l_2} = +\,J_{2\,l_2}\cos\left[\alpha_1\left(v_l t + x\right) - \Theta_2 - \psi_{l_2}\right]\cos\beta\,y \end{array}\right\}\quad.\quad(18_3)$$

An den Gleichungen für die Stromverteilung erkennt man nun leicht, daß dieselbe die Grenzen des Zylinders nirgends durchsetzt, es ist also die vollständige Lösung der Stromverteilung.

Bisher wurde der Faktor μ in den Formeln mitgeführt, obgleich wir uns auf Metallzylinder mit der Permeabilität 1 beschränken wollten. Wie nun aber Rüdenberg gezeigt hat, ist es nicht gestattet, μ ohne weiteres gleich der Einheit zu setzen[1]).

----

[1]) Rüdenberg, Energie der Wirbelströme, S. 19.

Mathematisch geschah die Berechnung des Stromes i aus seinem Felde $\mathfrak{B}^s$; der physikalische Vorgang ist aber gerade umgekehrt, die Wirbelströmung ruft ein Rückwirkungsfeld hervor. Es ist nun oben in bezug auf i und $\mathfrak{B}^s$ ein zweidimensionales Problem behandelt, es war ohne Rücksicht auf die Grenzflächen des Zylinders oder Platte unter den Polen $\dfrac{\partial \mathfrak{B}^s}{\partial z} = 0$ und $\dfrac{\partial i}{\partial z} = 0$ vorausgesetzt, wie es der Ansatz, den wir für $\mathfrak{B}^s$ gemacht hatten, auch fordert. Dieses ist streng genommen nun der Fall für eine unendlich dicke Platte, weil nur in dieser sämtliche Schnitte in der x, y-Ebene gleichwertig sind. Für eine solche Platte ist also nach Gl. (17a) das Verhältnis der Induktion — ausgedrückt durch R und S — zum erzeugenden Strome — ausgedrückt durch J — proportional der Größe μ. Gehen wir nun zu einem Zylinder über von der Dicke δ_1, so erkennen wir, daß die Grenzflächen $z = \pm \dfrac{\delta_1}{2}$ am Verlaufe des Stromes nichts ändern können, da dieser tangential zu ihnen läuft; die Induktion $\mathfrak{B}^s$ wird sich dagegen nur innerhalb der Platte nach den hergeleiteten Gleichungen richten, im äußeren Luftraum wird sie schon etwas modifiziert, und dort, wo die Induktionslinien das Eisen der Magnetpole erreichen, werden sie nach völlig anderen Gesetzen verlaufen. Da es uns aber nur auf die Strömung ankommt und nicht die genauen Gesetze der Induktionsverteilung hergeleitet werden sollen, wollen wir uns mit einer Näherung für jene begnügen.

Es soll deshalb angenommen werden, daß die Ausdehnung der Polfläche im Vergleich zum Zwischenraum der aufeinanderfolgenden Pole groß ist und daß ihre Permeabilität sehr groß ist gegen die der Luft und des Zylinders. Dann werden die $\mathfrak{B}^s$-Linien nicht nur in dem Zylinder selbst, sondern im gesamten Luftspalt fast nur in der z-Richtung, senkrecht zur Polfläche, verlaufen, so daß unser vorhin gemachter Ansatz auch für endliche Platten Gültigkeit hat. Es ist dann zu beachten, daß eine magnetisierende Kraft für die $\mathfrak{B}^s$-Linien nur innerhalb des Zylinders, also auf die Länge δ_1 auftritt, daß ihr Weg im Material mit geringer Permeabilität aber nicht wie bei der unendlich dicken Platte ebenso groß ist wie die Schicht der

Wirbelströme, sondern im Verhältnis $\dfrac{\delta}{\delta_1}$ größer, wenn wir mit δ die Größe des Luftspaltes zwischen dem Eisenkern und Pol bezeichnen. Im Poleisen laufen die $\mathfrak{B}^s$-Linien vorwiegend in der x-Richtung, doch ist hier der magnetische Widerstand so klein, daß er ruhig vernachlässigt werden darf.

Es ist also jetzt das Verhältnis der Induktion $\mathfrak{B}^s$ zur Strömung i proportional der Größe $\dfrac{\delta_1}{\delta}$, da die Permeabilität des Rotors nicht wesentlich von der der Luft verschieden ist.

Für μ ist also in den Formeln (16) und (17a) überall $\dfrac{\delta_1}{\delta}$ zu setzen.

Sind die Lücken zwischen den Polen sehr groß, so ist eventuell der Rechnung ein größerer Luftspalt zugrunde zu legen, als wirklich vorhanden ist. Sind endlich die Pole sehr weit vom Rotor entfernt und besitzt die Anordnung der Fig. 1 kein Eisenkern, so ist an Stelle von δ_1 $\dfrac{\tau_1}{\pi}$ zu setzen.

Die erste der Gl. (16) geht also über in

$$l = 4\,\frac{\delta_1}{\delta}\cdot\lambda \quad . \quad . \quad . \quad . \quad . \quad . \quad (16\,\mathrm{a})$$

Nun kehren wir zur Diskussion der Stromverteilung zurück.

Um nun ein vollständiges Bild der Stromverteilung im Rotor aufzeichnen zu können, müßten wir die Gleichungen der Stromlinien aufstellen, die sich berechnen aus:

$$\frac{dy}{dx} = \frac{i_y}{i_x},$$

wobei $i_y = i_{y\,r_1} + i_{y\,r_2}$ und $i_x = i_{x\,r_1} + i_{x\,r_2}$ für das rechtsdrehende Feld und ebenso für die entsprechenden Werte des linksdrehenden Feldes einzusetzen wären.

Diese umständliche Rechnung können wir uns aber ersparen und folgende einfache Betrachtungen nach dem von Rüdenberg entworfenen Strömungsbilde machen[1]).

Setzen wir im folgenden selbstinduktionsfreie Strömung

---

[1]) Rüdenberg, Energie der Wirbel, S. 16, Fig. 3.

voraus und beachten wir Gl. (12), bei der jedes Wechselfeld in zwei entgegengesetzt rotierende Drehfelder zerlegt wurde, so können wir für jede Komponente dieser Gleichung ein dem Rüdenbergschen analoges Strömungsbild entwerfen. Dieses wird sich aber über die Polteilung eines jeden Wechselfeldes ausdehnen, so daß wir für die zwei Komponenten des rechtsdrehenden Feldes das in Fig. 5a gezeichnete Strömungsbild erhalten würden. Die Stromlinien des einen Feldes sind gestrichelt eingezeichnet und gleichzeitig auch die Lage der Pole angegeben.

Darin erkennen wir aber, daß dieses ideelle Strömungsbild mit dem wirklichen nicht ganz übereinstimmen kann, da sich erstens die Komponenten der Strömungen beider Felder beeinflussen werden und zweitens durch die bei den meisten dieser Apparate vorhandene ungleiche Stärke

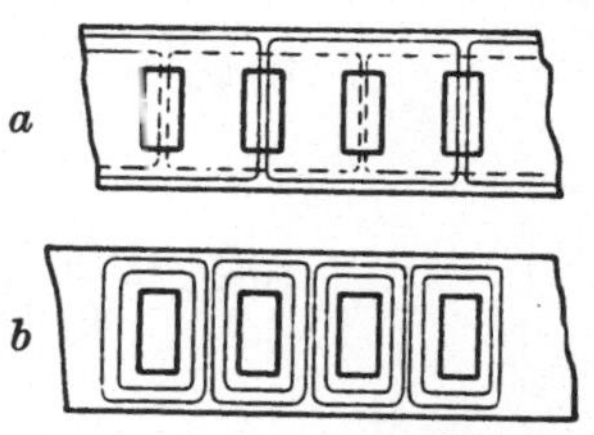

Fig. 5a und b. Ideeller und mutmaßlicher Verlauf der Strömungslinien.

der Felder das Strömungsbild beim stärkeren Felde einseitig vergrößert und beim kleineren verkleinert wird.

Außerdem wird noch ein Einfluß des linksläufigen Feldes vorhanden sein, der sich dadurch geltend machen wird, daß durch dasselbe die Rotorströmung geschwächt und verzerrt wird.

Beachten wir aber, daß das Strömungsbild nicht konstant bleibt, sondern sich während einer Periode verändert, so können wir doch als Mittelwert das in Fig. 5b aufgezeichnete Strömungsbild betrachten.

Ziehen wir nun die Rückwirkung der Wirbelströme mit in Betracht, so erkennen wir an den Strömungsgleichungen (18) bis ($18_{(3)}$), daß das allgemeine Bild der Strömung durch die Rückwirkung nicht geändert wird, daß aber jetzt eine Verschiebung der gesamten Strömung um den Winkel ψ oder um die Strecke $\dfrac{\psi}{\alpha_1}$ in Richtung des positiven x eingetreten ist. Diese Erscheinung, die bis jetzt bei allen Theorien vernachlässigt wurde und ohne Zweifel auf die Angaben dieser Instrumente einen wesentlichen Einfluß ausüben wird, ist in neuester Zeit durch die Versuche von Brückmann[1]) bestätigt worden.

Setzen wir voraus, daß der Luftspalt zwischen den Polen des Stromfeldes und dem Kern gleiche Größe wie derjenige zwischen den Polen des Spannungsfeldes und Kern hat, so wird annähernd der Verschiebungswinkel $\psi_{r_1} = \psi_{r_2}$ und $\psi_{l_1} = \psi_{l_2}$ sein. Dann kann auch unter Beachtung der Gl. (18) der Verschiebungswinkel des rechts- und linksläufigen Feldes ausgedrückt werden durch:

$$\left. \begin{aligned} \operatorname{tg} \psi_r &= \frac{v_r \cdot l}{\varrho \cdot w} = 4 \cdot \frac{v_r}{\varrho} \cdot \frac{\delta_1}{\delta} \cdot \frac{\tau_1}{1 + \left[\dfrac{\tau_1}{\lambda}\right]^2} \\[2em] \operatorname{tg} \psi_l &= \frac{v_l \cdot l}{\varrho \cdot w} = 4 \cdot \frac{v_l}{\varrho} \cdot \frac{\delta_1}{\delta} \cdot \frac{\tau_1}{1 + \left[\dfrac{\tau_1}{\lambda}\right]^2} \end{aligned} \right\} \quad \dots \quad (19)$$

In vielen Fällen wird aber der Luftspalt nicht überall die gleiche Größe erhalten, um dadurch die Streuverhältnisse der Pole günstiger zu gestalten.

Dadurch aber würde ψ_{r_1} nicht mehr gleich ψ_{r_2} werden und wir würden sogar vier verschiedene Verschiebungswinkel erhalten. Es soll aber von diesem Falle abgesehen werden, da die Endgleichungen nur unübersichtlich gestaltet würden und der Einfluß dieser Ungleichheit nur sehr gering ist.

Beachten wir nun, daß bei einem Zähler die Geschwindigkeit des Rotors als Maß für die zu messende Leistung benutzt wird, so erkennen wir in Gl. (19), daß mit zunehmender Leistung die Relativgeschwindigkeit abnimmt und dadurch auch der Verschiebungswinkel ψ abnehmen muß, wodurch sich die von Brückmann gefundene Abnahme des Verschiebungswinkels ψ theoretisch erklärt.

Ein anderer unangenehmer Einfluß wird sich außerdem bei Zähler und Wattmetern noch bemerkbar machen, der aber der Ungleichheit der Felder wegen nicht beseitigt werden kann, nämlich:

---

[1]) Brückmann, E.T.Z. 1910, S. 859. Brückmann findet bei Zählern, daß mit der Zunahme der Belastung, also mit der Zunahme der Induktion, der Verschiebungswinkel abnimmt. Dieses Resultat steht in voller Übereinstimmung mit der hier abgeleiteten Theorie, wie weiter unten gezeigt wird.

Da das Spannungsfeld innerhalb eines ganzen Meßbereiches als annähernd konstant angesehen werden kann und das Stromfeld von Null bis zu einem gewissen Maximum anwächst, so wird auch die vom Stromfeld im Rotor erzeugte Strömung am Zylinderrande eine mit wachsendem Feld zunehmende Zusammendrückung erfahren, so daß der Widerstand des Rotors nicht mehr konstant ist und der Verschiebungswinkel ψ dadurch noch schneller abnehmen wird, als dies durch die Relativgeschwindigkeit bedingt ist. Bei Volt- und Amperemetern ergibt sich der Verschiebungswinkel ψ als annähernd konstant, wie aus den experimentellen Untersuchungen hervorgeht, jedoch wird bei Wattmetern trotz der Unveränderlichkeit der Relativgeschwindigkeit zwischen Feld und Rotor aus oben erwähntem Grunde eine Abnahme dieses Winkels zu konstatieren sein, die natürlich die Meßgenauigkeit mit zunehmender Belastung verringert.

Nachdem nun die Größe der Rotorströmung und deren Verschiebung gegen das äußere Feld bekannt ist, kann auch die Kraft berechnet werden, die das äußere Feld auf die Rotorströmung ausübt.

Man könnte nun diese Kraft aus der im Rotor in Wärme umgesetzten Energie berechnen, also aus

$$W = \varrho \cdot \delta_1 \int\limits_{0}^{\tau_1 + \frac{\tau}{2}} \int\limits_{-\frac{\tau}{2}}^{} i^2 \, dx \, dy$$

pro Polteilung τ_1 und daraus die Kraft $K = \dfrac{W}{v}$, und zwar getrennt für die vom rechts- und linksläufigen Felde erzeugte Strömung; es soll aber hier vorgezogen werden, dieselbe nach dem elektromagnetischen Elementargesetz zu berechnen, da dasselbe einen besseren Einblick in die Kräfteverteilung im Rotor gestattet.

Die Kraft, die das äußere Feld auf die Rotorströmung ausübt, berechnet sich aus dem elektromagnetischen Elementargesetz zu:

$$K = \int\int\int i \cdot \mathfrak{B}_z^a \cdot \sin \alpha \cdot dx \, dy \cdot dz,$$

wobei α dem Winkel entspricht, den der Strom mit der Richtung des Feldes einschließt. Dieser ist aber bei fast allen elektrischen Maschinen 90^0 und kann auch hier $\sin \alpha = 1$ gesetzt werden.

Um die Rechnung zu erleichtern, berechnen wir die vom rechts- und linksläufigen Felde ausgeübten Kräfte einzeln und erhalten dann am Schlusse die Gesamtkraft als Differenz beider Kräfte.

Die Kraft, die vom rechtsläufigen Drehfeld auf einen Zylinderabschnitt von der Polteilung τ_1 ausgeübt wird, ergibt sich nun aus:

$$K_r = \int\limits_{-\frac{\delta_1}{2}}^{+\frac{\delta_1}{2}} \int\limits_{0}^{\tau_1} \int\limits_{-\frac{\lambda}{2}}^{+\frac{\lambda}{2}} i_r \cdot \mathfrak{B}_{zr}^a \cdot dx \cdot dy \cdot dz,$$

wobei $i_r = i_{xr_1} + i_{xr_2} + i_{yr_1} + i_{yr_2}$ ist und $\mathfrak{B}_{zr}^a$ aus Gl. (15) zu entnehmen ist. Das erste Integral kann ohne weiteres gelöst und vor die Klammer gesetzt werden, da

$$\int\limits_{-\frac{\delta_1}{2}}^{+\frac{\delta_1}{2}} dz = \delta_1$$

ist.

Der übrige Ausdruck unter dem Integralzeichen lautet nun:

$$\begin{aligned}
i_r \cdot \mathfrak{B}_{zr}^a = & -J_{1r_1} \sin\big[\alpha_1(v_r t - x) - \psi_{r_1}\big] \big\{ P \cdot \cos \alpha_1 (v_r t - x) \\
& + Q \cdot \cos\big[\alpha_1(v_r t + x) - \Theta_1\big]\big\} \sin \beta y \cos \beta y \\
& + J_{2r_1} \cos\big[\alpha_1(v_r t - x) - \psi_{r_1}\big] \big\{ P \cdot \cos \alpha_1 (v_r t - x) \\
& + Q \cdot \cos\big[\alpha_1(v_r t - x) - \Theta_1\big]\big\} \cos^2 \beta y \\
& - J_{1r_2} \cdot \sin\big[\alpha_1(v_r t - x) - \psi_{r_2}\big] \big\{ P \cdot \cos \alpha_1 (v_r t - x) \\
& + Q \cdot \cos\big[\alpha_1(v_r t - x) - \Theta_1\big]\big\} \sin \beta y \cos \beta y \\
& + J_{2r_2} \cdot \cos\big[\alpha_1(v_r t - x) - \psi_{r_2}\big] \big\{ P \cdot \cos \alpha_1 (v_r t - x) \\
& + Q \cdot \cos\big[\alpha_1(v_r t - x) - \Theta_1\big]\big\} \cos^2 \beta y.
\end{aligned}$$

Daraus ergeben sich die einzelnen Integrale, die y enthalten, zu:

$$+\frac{\lambda}{2}\!\!\int\limits_{-\frac{\lambda}{2}}^{}\sin\beta y\cos\beta y\,dy=\left(\frac{\sin^2\beta y}{2\beta}\right)_{-\frac{\lambda}{2}}^{+\frac{\lambda}{2}}=0$$

und

$$\int\limits_{-\frac{\lambda}{2}}^{+\frac{\lambda}{2}}\cos^2\beta y\,dy=\frac{\lambda}{2}.$$

Damit fallen also alle Glieder, die $\sin\beta y\cos\beta y$ enthalten, fort und wir erhalten die übrigen Integrale zu:

$$+J_{1r_2}\cdot P\int\limits_0^{\tau_1}\cos\left[\alpha_1(v_r t-x)-\psi_{r_1}\right]\cos\alpha_1(v_r t-x)\,dx$$

$$=\frac{1}{2}J_{2r_1}\cdot P\cdot\int\limits_0^{\tau_1}\left\{\cos\left[2\alpha_1(v_r t-x)-\psi_{r_1}\right]+\cos\psi_{r_1}\right\}dx$$

$$=\frac{1}{2}\cdot J_{2r_1}\cdot P\cdot\tau_1\cdot\cos\psi_{r_1}$$

$$J_{2r_1}\cdot Q\cdot\int\limits_0^{\tau_1}\cos\left[\alpha_1(v_r t-x)-\psi_{r_1}\right]\cos\left[\alpha_1(v_r t-x)-\Theta_1\right]dx$$

$$=\frac{1}{2}J_{2r_1}\cdot Q\cdot\int\limits_0^{\tau_1}\left\{\cos\left[2\alpha_1(v_r t-x)-\psi_{r_1}-\Theta_1\right]\right.$$

$$+\cos(\Theta_1-\psi_{r_1})\right\}dx=\frac{1}{2}\cdot J_{2r_1}\cdot P\cdot\tau_1\cos\left[\Theta_1-\psi_{r_1}\right]$$

$$J_{2r_2}\cdot P\cdot\int\limits_0^{\tau_1}\cos\left[\alpha_1(v_r t-x)-\psi_{r_2}-\Theta_1\right]\cdot\cos\alpha_1(v_r t-x)\,dx$$

$$=\frac{1}{2}\cdot J_{2r_2}\cdot P\cdot\int\limits_0^{\tau_1}\left\{\cos\left[2\alpha_1(v_r t-x)-\psi_{r_2}-\Theta_1\right]\right.$$

$$+\cos(\Theta_1+\psi_{r_2})\right\}dx=\frac{1}{2}\cdot J_{2r_2}\cdot P\cdot\tau_1\cdot\cos(\Theta_1+\psi_{r_1})$$

$$J_{2r_2}\cdot Q\cdot\int\limits_0^{\tau_1}\cos\left[\alpha_1(v_r t-x)-\Theta_1-\psi_{r_2}\right]\cos\left[\alpha_1(v_r t-x)-\Theta_1\right]dx$$

$$=\frac{1}{2}J_{2r_2}\cdot Q\int\limits_0^{\tau_1}\left\{\cos\left[2\alpha_1(v_r t-x)-2\Theta_1-\psi_{r_2}\right]+\cos\psi_{r_2}\right\}dx$$

$$=\frac{1}{2}J_{2r_2}\cdot Q\cdot\tau_1\cdot\cos\psi_{r_2}.$$

Daher wird nun die vom rechtsläufigen Feld auf die Rotorströmung eines Abschnittes von der Polteilung τ_1 ausgeübte Kraft:

$$K_r = \frac{1}{4} \cdot \delta_1 \cdot \lambda \cdot \tau_1 \left\{ J_{2r_1} \cdot P \cdot \cos \psi_{r_1} + J_{2r_1} \cdot Q \cdot \cos \left[\Theta_1 - \psi_{r_1}\right] \right.$$
$$\left. + J_{2r_2} \cdot P \cdot \cos \left[\Theta_1 + \psi_{r_2}\right] + J_{2r_2} \cdot Q \cdot \cos \psi_{r_2} \right\} \quad . \quad . \quad (20a)$$

Ebenso berechnet sich dieselbe für das linksläufige Feld auf dieselbe Weise zu:

$$K_l = \frac{1}{4} \delta_1 \cdot \lambda \cdot \tau_1 \left\{ J_{2l_1} \cdot P \cdot \cos \psi_{l_1} + J_{2l_1} \cdot Q \cdot \cos \left[\Theta_2 - \psi_{l_1}\right] \right.$$
$$\left. + J_{2l_2} \cdot P \cdot \cos \left[\Theta_2 + \psi_{r_2}\right] + J_{2l_2} \cdot Q \cdot \cos \psi_{l_2} \right\} . \quad . \quad . \quad (20b)$$

Beachten wir nun, daß je zwei Wechselfeldern ein resultierendes Feld entspricht, so wird auch in unserem Falle zwei Polen ein resultierender Pol entsprechen, so daß wir uns die auf einen Zylinderabschnitt von der Polteilung τ_1 ausgeübte Kraft auch von einem Pol erzeugt denken können.

Sind deshalb ganz allgemein $2p$ solcher resultierender Pole vorhanden, wobei p die Polpaarzahl dieser Pole bedeutet und in unserem Falle $p = 1$ ist, so ergibt sich die resultierende Kraft sämtlicher $2p$ Polabschnitte zu:

$$K = K_r - K_l = \frac{1}{2} \lambda \cdot \tau_1 \cdot \delta_1 \cdot p \left\{ \left[J_{2r_1} \cdot \cos \psi_{r_1} - J_{2l_1} \cdot \cos \psi_{l_1} \right] P \right.$$
$$+ \left[J_{2r_1} \cdot \cos (\Theta_1 - \psi_{r_1}) - J_{2l_1} \cdot \cos (\Theta_2 - \psi_{l_1}) \right] Q$$
$$+ \left[J_{2r_2} \cdot \cos (\Theta_1 + \psi_{r_2}) - J_{2l_2} \cdot \cos (\Theta_2 + \psi_{r_2}) \right] P$$
$$\left. + \left[J_{2r_2} \cdot \cos \psi_{r_2} - J_{2l_2} \cdot \cos \psi_{l_2} \left[Q \right\} \right. \right. \quad . . . . \quad (21)$$

wenn wir uns den Rotor im Sinne des rechtsläufigen Feldes rotieren denken.

Bei der Integration über eine Polteilung τ_1 haben wir gesehen, daß einige Glieder fortfallen. Diese Glieder stellen nichts anderes als innere mechanische Kräfte dar, die eine sehr komplizierte Spannungsverteilung im Rotor hervorrufen. Diese mechanischen Spannungen sind bei dünnen Scheiben bzw. Zylindern sehr wohl zu beachten, da sie dieselben auf Knickung beanspruchen. Im allgemeinen sind jedoch bei diesen Apparaten die auszuübenden Kräfte sehr klein, könnten aber im Falle eines Kurzschlusses im Hauptstromkreise zu ganz erheblicher Stärke anwachsen.

Das gesamte auf den Rotor ausgeübte Drehmoment erhalten wir nun einfach als Produkt der Gesamtkraft mal mittleren Radius R_m des Rotors.

Also wird das Drehmoment, wenn alle Größen im absoluten Maßsystem ausgedrückt werden und wir für P und Q ihre Werte einsetzen:

$$\vartheta = K \cdot R_m$$
$$= \frac{1}{4}\,\delta_1 \cdot \lambda \cdot \tau_1 \cdot p\,R_m \big\{ B_{1\,max}\,(J_{2r_1} \cdot \cos\psi_{r_1} - J_{2l_1}\cos\psi_{l_1})$$
$$+ B_{2\,max}\,(J_{2r_2} \cdot \cos\psi_{r_2} - J_{2l_2} \cdot \cos\psi_{l_2})$$
$$+ B_{1\,max}\big[J_{2r_2} \cdot \cos(\Theta_1 + \psi_{r_2}) - J_{2l_2}\cos(\Theta_2 + \psi_{l_2})\big]$$
$$+ B_{2\,max}\big[J_{2r_1}\cos(\Theta_1 - \psi_{r_1}) - J_{2l_1}\cos(\Theta_2 - \psi_{l_1})\big]\big\}\ \text{Dynen} \times \text{cm}$$

$$(22)$$

In dieser Form wird jedoch diese Gleichung nicht gebräuchlich sein, da die Stromamplituden J nicht gemessen werden können, sondern nur durch Rechnung bestimmbar sind.

Wir kehren nun wieder zum ursprünglichen Zustande zurück, bei welchem sich das Magnetsystem in Ruhe befindet und der Rotor mit einer Geschwindigkeit v_2 im Sinne des rechtsläufigen Feldes rotiert.

Dann wird jetzt die Relativgeschwindigkeit zwischen Rotor und rechtsläufigem Feld

$$v_r = v - v_2$$

und zwischen Rotor und linksläufigem Feld $\Big\}$ . . . . . (23)

$$v_l = v + v_2$$

Nun muß aber zu jeder Zeit die Summe beider Relativgeschwindigkeiten die doppelte Feldgeschwindigkeit ergeben, also:

$$v_r + v_l = 2v \quad . \quad . \quad . \quad . \quad . \quad . \quad (23\,\text{a})$$

Bezeichnen wir noch, wie es in der Theorie der Asynchronmotoren geschieht, das Verhältnis von Relativgeschwindigkeit zur Geschwindigkeit des Feldes als Schlüpfung, so können wir schreiben[1]):

---

[1]) Arnold, Wechselstromtechnik Bd. V, 1. Teil S. 14.

$$\left.\begin{aligned}\frac{v_r}{v} &= \frac{v - v_2}{v} = s \\[2em] \frac{v_l}{v} &= \frac{2v - v_r}{v} = 2 - s\end{aligned}\right\} \quad \cdots \cdots \quad (24)$$

und

Damit führen wir unsere Theorie auf diejenige eines Mehrphasen-Asynchronmotors zurück, dessen Arbeitsweise in diesem speziellen Falle mit der eines einphasigen Asynchronmotors sehr viel Ähnlichkeit hat[1]).

Ersetzen wir noch in den als Amplituden der Rotorströmung definierten Größen P und Q durch ihre ursprünglichen Werte und schreiben wir ferner für v, $v = \dfrac{\omega}{\alpha_1} = \dfrac{\omega \cdot \tau_2}{\pi}$, so lassen sich diese Ausdrücke schreiben:

$$J_{2r_1} = \frac{\omega \cdot s}{\sqrt{(\omega \cdot s \cdot l)^2 + (\alpha_1 \cdot \varrho \cdot w)^2}} \cdot \frac{1}{2} \cdot \frac{\lambda}{\tau_1} \cdot B_{1\,max};$$

$$J_{2r_2} = \frac{\omega \cdot s}{\sqrt{(\omega \cdot s \cdot l)^2 + (\alpha_1 \cdot \varrho \cdot w)^2}} \cdot \frac{1}{2} \cdot \frac{\lambda}{\tau_1} \cdot B_{2\,max}.$$

$$J_{2l_1} = \frac{(2 - s)\,\omega}{\sqrt{[(2 - s)\,\omega \cdot l]^2 + (\alpha_1 \cdot \varrho \cdot w)^2}} \cdot \frac{1}{2} \cdot \frac{\lambda}{\tau_1} \cdot B_{max};$$

$$J_{2l_2} = \frac{(2 - s)\,\omega}{\sqrt{[(2 - s)\,\omega \cdot l]^2 + (\alpha_1 \cdot \varrho \cdot w)^2}} \cdot \frac{1}{2} \cdot \frac{\lambda}{\tau_1} \cdot B_{2\,max}.$$

Entwickeln wir ferner in Gl. (22) die Kosinusfunktionen und setzen wieder $\Theta_1 = \pm\gamma \pm \varphi$ und $\Theta_2 = \pi \pm \gamma \pm \varphi$, so wird

$$\cos(\Theta_1 + \psi_{r_2}) = \cos(\pm\gamma \pm \varphi)\cos\psi_{r_2} - \sin(\pm\gamma \pm \varphi)\sin\psi_{r_2}$$

$$\cos(\Theta_2 + \psi_{l_2}) = -\cos(\pm\gamma \pm \varphi)\cos\psi_{l_2} + \sin(\pm\gamma \pm \varphi)\sin\psi_{l_2}$$

$$\cos(\Theta_1 - \psi_{r_1}) = \cos(\pm\gamma + \varphi)\cos\psi_{r_1} + \sin(\pm\gamma \pm \varphi)\sin\psi_{r_1}$$

$$\cos(\Theta_2 - \psi_{l_1}) = -\cos(\pm\gamma \pm \varphi)\cos\psi_{l_1} - \sin(\pm\gamma \pm \varphi)\sin\psi_{l_1}.$$

Beachten wir ferner Gl. (19), so können die Kosinus- und Sinusfunktionen von ψ noch ausgedrückt werden durch:

$$\cos\psi_{r_1} = \frac{\alpha_1 \cdot \varrho \cdot w}{\sqrt{(\omega \cdot s \cdot l)^2 + (\alpha_1 \cdot \varrho \cdot w)^2}}$$

---

[1]) **Arnold**, Wechselstromtechnik Bd. V, S. 114 u. f.

und
$$\sin \psi_{r_1} = \frac{\omega \cdot s \cdot l}{\sqrt{(\omega \cdot s \cdot l)^2 + (\alpha_1 \cdot \varrho \cdot w)^2}} \quad \text{usw.}$$

Setzen wir diese Werte in Gl. (22) ein, so erhalten wir das Drehmoment eines Zählers nach der Anordnung der Fig. 1, da in diesem Falle $p = 1$ und alle Größen im absoluten Maßsystem ausgedrückt werden aus:

$$\vartheta = \frac{1}{8} \delta_1 \cdot \lambda^2 \cdot \omega \cdot \alpha_1 \cdot \varrho \cdot w \cdot R_m \left\{ (B_{1\,max}^2 + B_{2\,max}^2) \left[\frac{s}{(\omega \cdot s \cdot l)^2 + (\alpha_1 \varrho \cdot w)^2} \right. \right.$$
$$\left. - \frac{2-s}{[(2-s)\,\omega \cdot l]^2 + (\alpha_1 \varrho \cdot w)^2} \right] + 2 B_{1\,max} \cdot B_{2\,max}$$
$$\left[\frac{s}{(\omega \cdot s \cdot l)^2 + (\alpha_1 \cdot \varrho \cdot w)^2} + \frac{2-s}{[(2-s)\,\omega \cdot l]^2 + (\alpha_1 \varrho \cdot w)^2} \right]$$
$$\cos (\pm \gamma \pm \varphi) \left. \right\} \text{Dynen} \cdot \text{cm} \quad \ldots \quad \ldots \quad (25)$$

Aus dieser Gleichung erhalten wir nun das bemerkenswerte Resultat, daß

1. das Drehmoment vollständig unabhängig von der Zeit ist und 2. die Proportionalität zwischen dem Drehmoment und den es erzeugenden Feldern um so stärker gestört wird, je größer die Geschwindigkeit des Rotors ist.

Das erste Resultat ist weder in der Arbeit von Morck[1]) noch in derjenigen von David und Simons[2]) enthalten, währenddem das zweite schon bei den ersten Zählern experimentell gefunden wurde, jedoch in keiner von den früheren Autoren hergeleiteten Drehmomentgleichungen richtig zum Ausdruck kam.

Iliovici[3]) fand allerdings theoretisch eine ähnliche Abhängigkeit des Drehmomentes von der Rotorgeschwindigkeit, jedoch ist auch bei ihm das Drehmoment von der Zeit abhängig. In neuester Zeit ist die Unabhängigkeit des Drehmomentes von der Zeit auch von Rogowsky[4]) gefunden

---

[1]) Morck, Theorie der Wechselstromzähler. Sonderausgabe Stuttgart 1906.

[2]) David und Simons, E.T.Z. 1907, S. 942.

[3]) Iliovici, La Lumière Electrique 1911, Heft 18.

[4]) Rogowski, E. u. M. 1911, Heft 45.

worden, dessen Gleichungen sich aber nur auf ruhende Scheiben beziehen.

In der Praxis wird man jedoch das Drehmoment nicht in Dynen · cm, sondern in cmgr* ausdrücken, so daß wir jetzt schreiben können:

$$\vartheta = \frac{1}{8} \cdot \frac{1}{981} \cdot \delta_1 \cdot \lambda^2 \cdot \omega \cdot \alpha_1 \cdot \varrho \cdot w \cdot R_m \left\{ (B_{1\,max}^2 + B_{2\,max}^2) \right.$$
$$\left[\frac{s}{(\omega \cdot s \cdot l)^2 + (\alpha_1 \varrho \cdot w)^2} - \frac{2-s}{[\omega(2-s)l]^2 + (\alpha_1 \varrho \cdot w)^2} \right]$$
$$+ 2\,B_{1\,max} \cdot B_{2\,max} \cdot \left[\frac{s}{(\omega \cdot s\,l)^2 + (\alpha_1 \varrho \cdot w)^2} \right.$$
$$\left. \left. + \frac{2-s}{[\omega(2-s)l]^2 + (\alpha_1 \cdot \varrho \cdot w)^2} \right] \cos(\pm \gamma \pm \varphi) \right\} \text{cmgr*} \qquad . \qquad (25\,\text{a})$$

In Wirklichkeit wird die Gleichung für das Drehmoment zu große Werte ergeben, da, wie wir früher gesehen haben, die Stromverteilung im Rotor eine sehr ungleichmäßige ist und wir außerdem, trotz Voraussetzung sinusförmiger Verteilung der Induktion im Luftspalt bei der Anordnung der Fig. 1 nicht in allen Fällen diese Forderung erfüllen können.

Es wird deshalb nötig sein, in die Gl. (22) und (25 a) noch einen Korrektionsfaktor einzuführen, der diese Fehler auszugleichen sucht, und es mögen deshalb zu dessen Ermittlung folgende einfache Überlegungen angestellt werden: Betrachten wir einmal das von beiden Feldern auf den Rotor ausgeübte Gesamtdrehmoment als von einem resultierenden Feld erzeugt, so können wir die ganze Anordnung der Fig. 1 als einphasigen Induktionsmotor mit zwei Polen auffassen. Nun wissen wir aber aus der Theorie der einphasigen Asynchronmotoren[1]), daß der Rotor auf den Stator zurückwirkt wie zwei einachsig kurzgeschlossene, stillstehende Wicklungen, deren Ströme die Grundperiodenzahl des am Umfange des Rotors sinusförmig verteilt gedachten Feldes haben. Da nun aber für jede dieser gedachten Wicklungen die ganze Rotorwicklung in Frage kommt, also in unserem Falle der ganze Metallzylinder, so können wir denselben als eine gleichmäßig verteilte Wicklung auffassen. Nun ist aber bekannt, daß für ein sinusförmiges Feld der

---

[1]) Arnold, Wechselstromtechnik Bd. V, S. 137.

Wicklungsfaktor einer gleichmäßig verteilten Wicklung $\frac{2}{\pi}$ ist[1]),
so daß er in unserem Falle, wo nicht immer sinusförmige Verteilung im Luftspalt zu erreichen ist, in den Grenzen von $\frac{2}{\pi}$ und 1 schwanken wird. Angenähert können wir den Wicklungsfaktor für unsere Anordnung nach Arnold[2]) wie folgt berechnen. ·

Bezeichnen wir mit dF die von einer Strömungslinie im Rotor erzeugte MMK, so wird die algebraische Summe aller zueinander gehörenden MMke einen Kreisbogen darstellen, dessen Radius R und dessen Zentriwinkel $\beta = \frac{S}{\tau_1}\pi$ ist.

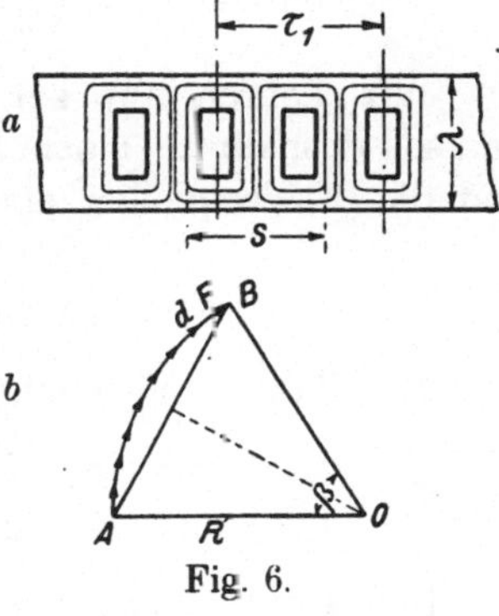

Fig. 6.

S bedeutet dabei die mittlere Breite der Strömungsausbreitung, wie in Fig. 6a angedeutet ist. Dann wird man in Fig. 6b die algebraische Summe gleich dem Bogen $\overset{\frown}{AB} = R \cdot \beta$, und die geometrische Summe aller Vektoren $F_r =$ der Sehne $\overline{AB} = 2\,R \cdot \sin\frac{\beta}{2}$ erhalten.

Dann wird auch der Wicklungsfaktor:

$$f_w = \frac{F_r}{\Sigma dF} = \frac{\overline{AB}}{\overset{\frown}{AB}} = \frac{2\,R \cdot \sin\frac{\beta}{2}}{R \cdot \beta}$$

oder aber

$$f_w = \frac{\sin\frac{S}{\tau_1} \cdot \frac{\pi}{2}}{\frac{S}{\tau_1} \cdot \frac{\pi}{2}} \quad \dots \dots \dots \quad (26)$$

Damit wird nun die Drehmomentgleichung ganz allgemein bei p resultierenden Polpaaren für einen zylinderförmigen Rotor, wenn wir zur Abkürzung setzen:

---

[1]) Arnold, Wechselstromtechnik Bd. V, S. 137.
[2]) Arnold, Wechselstromtechnik Bd. III, S. 311.

$$k_0 = \frac{1}{8} \cdot \frac{1}{981} \cdot \delta_1 \cdot \lambda^2 \cdot \alpha_1 \cdot \varrho \cdot w \cdot R_m$$

$$z_r^2 = (\omega \cdot s \cdot l)^2 + (\alpha_1 \cdot \varrho \cdot w)^2 \quad \text{und} \quad z_l^2 = [(2 - s)\,\omega \cdot l]_2 + (\alpha_1 \cdot \varrho \cdot w)^2$$

also

$$\vartheta = k_0 \cdot p \cdot \omega \cdot f_w \left[(B_{1\,max}^2 + B_{2\,max}^2)\left(\frac{s}{z_r^2} - \frac{2-s}{z_l^2}\right)\right.$$

$$\left. + 2\,B_{1\,max} \cdot B_{2\,max}\left(\frac{s}{z_r^2} + \frac{2-s}{z_l^2}\right) \cos\,(\pm\,\gamma \pm \varphi) \right] \text{cmgr} \qquad (27)$$

Wir kehren nun zur Diskussion dieser Gleichung zurück und soll deshalb an einem Rechnungsbeispiel die Wirkungsweise und die Fehlerquellen eines solchen Zählers erläutert werden.

Rechnungsbeispiel.

Der Zähler möge folgende Dimensionen besitzen:

$$\delta_1 = 0{,}05 \text{ cm}; \quad \lambda = 2{,}5 \text{ cm}; \quad R_m = 1{,}425 \text{ cm};$$
$$\tau_1 = 4{,}47 \text{ cm}; \quad \delta = 0{,}15 \text{ cm}.$$

Der Rotor möge aus Aluminium und den spez. Widerstand $\varrho = 2{,}7 \cdot 10^3$ abs. Einh. besitzen. Dann wird:

$$l = 4\,\frac{\delta_1}{\delta} \cdot \lambda = 3{,}33 \text{ cm} \quad \text{und} \quad w = \frac{\lambda}{\tau_1} + \frac{\tau_1}{\lambda} = 2{,}344.$$

Die Periodenzahl betrage 50 pro Sekunde, entsprechend $\omega = 314$.

Das Spannungsfeld betrage $B_{1\,max} = 1000$ Kraftlinien und für das Stromfeld werde der Reihe nach $B_{2\,max} = 250; 500; 1000$ und 1500 Kraftlinien angenommen. Die beiden Felder mögen genau auf 90^0-Phase gebracht sein und der Leistungsfaktor im äußeren Stromkreise betrage 1, entsprechend $\varphi = 0$.

Der Wicklungsfaktor betrage bei sinusförmiger Verteilung

$$f_w = \frac{2}{\pi} = 0{,}637.$$

Berechnen wir nun das Drehmoment als Funktion der Schlüpfung, und zwar sowohl das rechtsdrehende als auch das linksdrehende einzeln, so erhalten wir die in folgender Tabelle I zusammengestellten Werte, die in Fig. 7 als Funktion der Schlüpfung aufgetragen sind.

Tabelle I.

s	$B_{2\,max} = 250$			$B_{2\,max} = 500$			$B_{2\,max} = 1000$			$B_{2\,max} = 1500$		
	ϑ_r	ϑ_l	ϑ	ϑ_r	ϑ_l	ϑ	ϑ_r	ϑ_l	ϑ	ϑ_r	ϑ_l	ϑ
0	0	$-2,35$	$-2,35$	0	$-1,05$	$-1,05$	0	0	0	0	$-1,05$	$-1,05$
0,2	0,83	$-2,21$	$-1,38$	1,2	$-0,96$	$-0,24$	2,12		2,12	3,33	$-1,0$	$+2,33$
0,4	1,58	$-2,03$	$-0,45$	2,28	$-0,90$	$+1,38$	4,05		4,05	6,33	$-0,9$	5,43
0,6	2,34	$-1,82$	$+0,52$	3,39	$-0,80$	$+2,59$	6,01		6,01	9,40	$-0,8$	8,6
0,8	3,09	$-1,61$	1,48	4,45	$-0,70$	3,75	7,9	Null	7,9	12,36	$-0,72$	11,54
1,0	3,78	$-1,36$	2,42	5,45	$-0,61$	4,84	9,7		9,7	15,14	$-0,6$	14,54
1,2	4,45	$-1,11$	3,34	6,39	$-0,50$	5,89	11,4		11,4	17,8	$-0,5$	17,3
1,4	5,04	$-0,85$	4,19	7,26	$-0,38$	6,82	12,9		12,9	20,2	$-0,38$	19,82
1,6	5,61	$-0,57$	5,04	8,06	$-0,26$	7,80	14,3		14,3	22,4	$-0,25$	22,15
1,8	6,1	$-0,3$	5,08	8,77	$-0,13$	8,64	15,6		15,6	24,3	$-0,13$	24,17
2,0	6,53	0	6,53	9,41	0	9,41	16,7		16,7	26,5	0	26,5

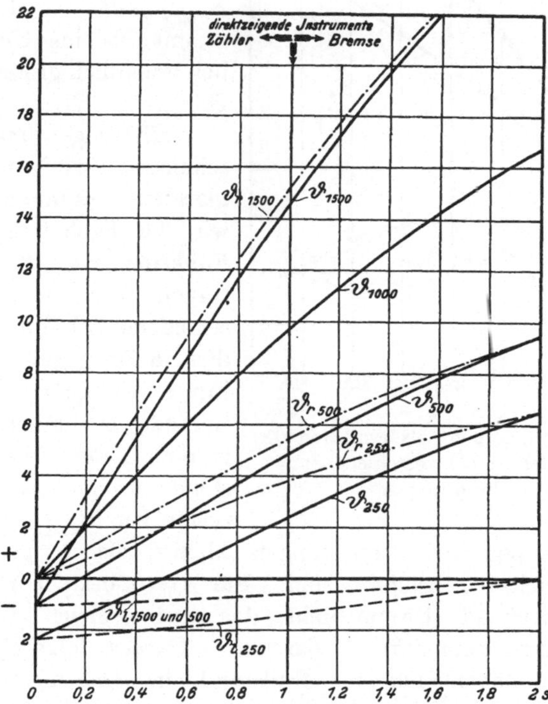

Fig. 7. Drehmoment als Funktion der Schlüpfung bei verschiedenen Stromfeldern $B_{2\,max}$.

Die Schlüpfung von 0 bis 1 wird dem Arbeitsbereiche als Zähler entsprechen, während diejenige von 1 bis 2 demjenigen als Bremse entspricht, wenn dem Rotor äußere mechanische Energie zugeführt und im Sinne des linksläufigen Feldes angetrieben wird. In Fig. 7 erkennen wir, daß das Drehmoment für alle Werte von $B_{2\,max}$ mit zunehmender Schlüpfung zu- bzw. mit zunehmender Geschwindigkeit abnimmt. Ferner erkennen wir, daß bei irgendeiner Schlüpfung das linksdrehende Drehmoment für die Werte $B_{2\,max} =$ Null bis $B_{1\,max}$ von seinem größten negativen Wert bis Null konstant abnimmt und von $B_{2\,max} > B_{1\,max}$ wieder zunimmt bis ins Unendliche bei unendlich großem Felde $B_{2\,max}$.

Diese eigentümliche Erscheinung wird man am klarsten erkennen, wenn wir die Drehmomente als Funktion von $B_{2\,max}$ auftragen, und zwar bei verschiedenen Schlüpfungen, wie dies in Fig. 8 geschehen ist. Für $s = 1$ geht die resultierende Drehmomentkurve in eine Gerade über, wenigstens im praktischen Bereiche von $B_{2\,max}$, während

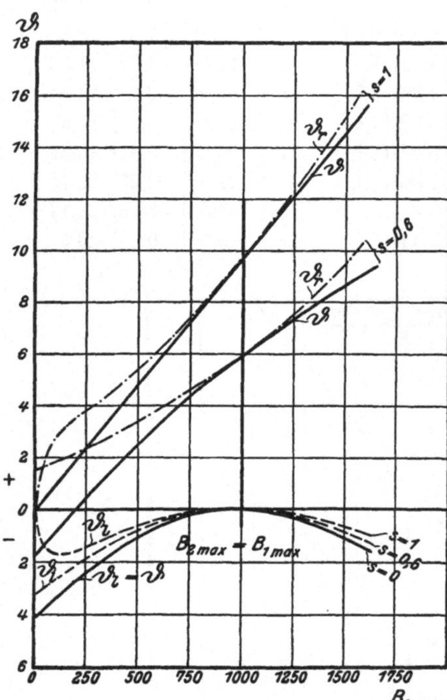

Fig. 8. Drehmoment als Funktion des Stromfeldes bei verschiedenen Schlüpfungen.

dem dieselben bei Schlüpfungen kleiner als 1 gegen die Abszissenachse gekrümmt sind. Für $s = 0$ besteht nur noch das linksdrehende Drehmoment, das auch zugleich die resultierende Drehmomentkurve darstellt. Daraus folgt aber, daß bei einem Zähler nur bei Stillstand das Drehmoment proportional der zu messenden Leistung ist und mit zunehmender Rotorgeschwindigkeit keine direkte Proportionalität mehr besteht. Daß dies wirklich der Fall ist, zeigen deutlich genug die Fehlerkurven dieser Apparate. Außerdem kann diese Abweichung von der Proportionalität noch dadurch gezeigt werden, indem wir wie in Fig. 8a die Schlüpfung als Funktion des Feldes $B_{2\,max}$ auftragen. Diese Kurve stellt dann auch die synchronen Geschwindigkeiten des Rotors als Funktion der Belastung dar, d. h. jene Geschwindigkeiten bzw. Tourenzahlen, auf die der Rotor bei dem betreffenden Felde $B_{2\,max}$ auflaufen würde, wenn keine besonderen Bremsmagnete (Stahlmagnete) und keine Reibung vorhanden wären. Wie Fig. 8a zeigt, ist die untere Hälfte beinahe geradlinig, so daß man

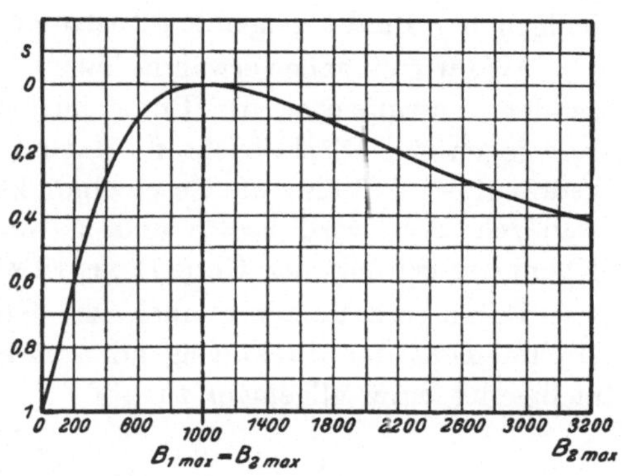

Fig. 8a. Schlüpfung als Funktion des Stromfeldes.

praktisch mit Hilfe von Bremsmagneten die Rotorgeschwindigkeit einschränkt, wodurch der Rotor nur auf die gewünschte Tourenzahl aufläuft. Ist nun ein Zähler für einen Mittelwert aller Belastungen eines ganzen Meßbereiches geeicht, so haben praktische Versuche[1]) gezeigt, daß der prozentuale Fehler als Funktion des Sollwertes aufgetragen, eine Fehlerkurve ergeben, die mit zunehmender Belastung von einem verhältnismäßig großen negativen Fehler einem maximalen positiven zustrebt, um dann wieder gegen Null und einem dauernd negativen Fehler

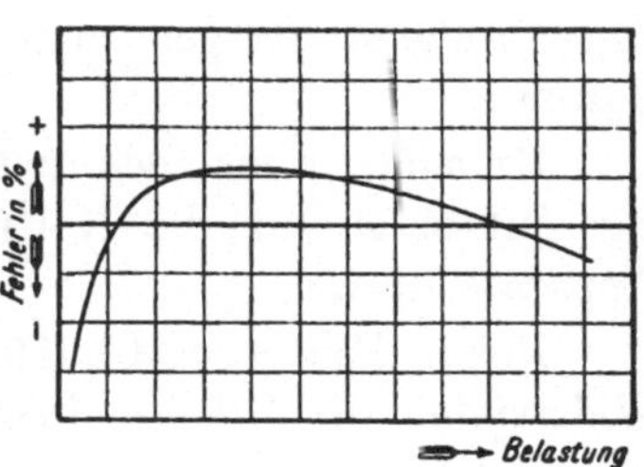

Fig. 9. Prozentuale Fehler als Funktion der Belastung.

zuzustreben, Fig. 9. Diese eigentümliche Erscheinung, die ganz allgemein als eine Folge ungünstiger Reibungsverhältnisse in

---

[1]) Morck, Theorie der Wechselstromzähler und andere mehr.

den Lagern angesehen wird, wird wohl auch von diesen beeinflußt werden, aber zum größten Teil auf die obenerwähnten Eigenschaften der resultierenden Drehmomentkurve zurückzuführen sein.

Nachdem wir nun die Gleichungen eines Zählers kennen gelernt haben, können wir auch auf ganz einfache Weise diejenigen der direkt zeigenden Instrumente herleiten.

Wie wir eingangs erwähnt haben, wird bei den direkt zeigenden Instrumenten der Rotor nur von einer Gleichgewichtslage gegen eine Direktionskraft in eine neue Gleichgewichtslage gedrängt, so daß also die Geschwindigkeit des Rotors Null wird. Dadurch aber wird $s = 1$ und $2 - s = 1$, so daß der erste Klammerausdruck der Gl. (27) verschwindet.

Damit erhalten wir auch die Grundgleichungen für das Drehmoment der direkt zeigenden und registrierenden Ferrarismeßgeräte ganz allgemein zu:

$$\vartheta = \frac{1}{2} \cdot \frac{1}{981} \cdot p \cdot f_w \cdot \delta_1 \cdot \frac{\lambda^2 \cdot a_1 \cdot \varrho \cdot w \cdot R_m}{(\omega \cdot l)^2 + (a_1 \varrho w)^2}$$

$$\cdot B_{1\,max} \cdot B_{2\,max} \cdot \cos{(\pm \gamma \pm \varphi)} \quad \text{cmgr} \quad . \quad (28)$$

Bei Volt- und Amperemetern und bei Phasenvergleichen wird man außerdem noch den dem Leitungsfaktor im äußeren Belastungsstromkreise entsprechenden Winkel φ weglassen.

Durch diese Gl. (22) bis (28) ist also das Drehmoment bei sinusförmigem Erregerstrom, Spannung und Felder vollständig bestimmt.

Es möge nun noch untersucht werden, welchen Einfluß der Faktor w auf die Konstruktion und Arbeitsweise dieser Apparate ausübt.

Dieser Faktor w, Gl. (16), dessen Größe ein Maß für den Widerstand der Scheibe bzw. des Zylinders darstellt, ist von dem Verhältnis $\dfrac{\lambda}{\tau_1}$ abhängig. Schreiben wir für w nach Gl. (16)

$w = \dfrac{\lambda}{\tau_1} + \dfrac{\tau_1}{\lambda}$ und ermitteln für verschiedene Werte von $\dfrac{\lambda}{\tau_1}$ die Größe von w, so erhalten wir für den Faktor w als Funktion von $\dfrac{\lambda}{\tau_1}$ aufgetragen die in Fig. 10 aufgetragene Kurve, die für ein bestimmtes Verhältnis von $\dfrac{\lambda}{\tau_1}$ ein Minimum aufweist und für unendlich kleine und unendlich große Werte von $\dfrac{\lambda}{\tau_1}$ ins Unendliche geht.

Beachten wir nun die Drehmomentgleichungen (22) bis (28), so wird man leicht einsehen, daß für ein gegebenes τ_1 die günstigste Ausnutzung des Materials erst vom Minimum von w an aufwärts beginnt. Man sollte deshalb bei der Konstruktion derartiger Apparate darauf sehen, daß das Verhältnis von $\dfrac{\lambda}{\tau_1}$ immer oberhalb dem Minimum von w liegt und niemals unterhalb, da sonst das Material sehr schlecht ausgenützt würde. Außerdem hat sich das Verhältnis von $\dfrac{\lambda}{\tau_1}$ noch nach andern Rücksichten zu richten, nämlich nach dem zur Verfügung stehenden Raum und der Größe des Drehmomentes.

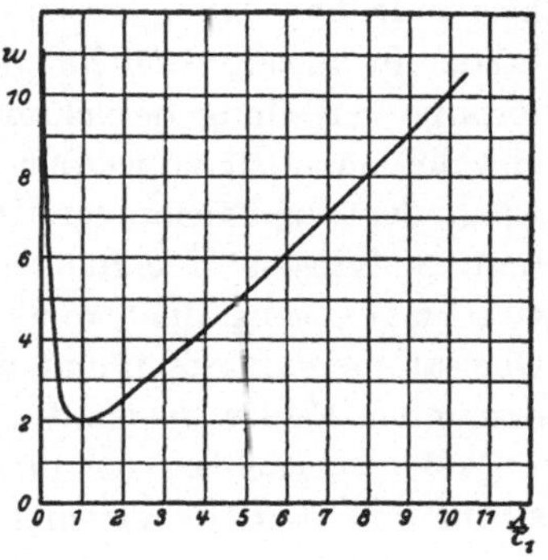

Fig. 10. w als Funktion von $\dfrac{\lambda}{\tau_1}$.

Diese abgeleiteten Gleichungen werden auch dann noch Gültigkeit haben, wenn wir an Stelle eines Zylinders eine Scheibe setzen und die Pole symmetrisch auf der Fläche der Scheibe anordnen. Dabei ist aber zu bemerken, daß jetzt die Feldverteilung eine andere geworden ist und auch der Wicklungsfaktor f_w im allgemeinen kleiner wird als bei zylindrischem Rotor. Nachdem wir nun die Arbeitsweise dieser Apparate bei sinusförmig variierenden Feldern kennen gelernt haben, wird es interessieren, wie sich die Verhältnisse ändern, wenn die Felder nicht von Sinusform, sondern von beliebiger, aber in bezug auf die Achse symmetrischer Form sind.

b) Beliebige, aber symmetrische Felder.

Die oben abgeleiteten Gleichungen für das Drehmoment sind unter der Voraussetzung sinusförmiger Feldverteilung im Luftspalt abgeleitet worden, indem stillschweigend vorausgesetzt wurde, daß der diese Felder erzeugende Strom von Sinusform sei. In Wirklichkeit wird aber beides nicht zutreffen, da ein sinusförmiger Magnetisierungsstrom ein Feld erzeugt, das bei nicht gesättigtem Eisen von derselben Form wie die MMK-Kurve ist[1]) und dieselbe in unserem Falle Stufenform besitzt. Wir müßten demnach zunächst den Einfluß untersuchen, den die von einem sinusförmigen Magnetisierungsstrom erzeugten Oberfelder ausüben. Diesen Einfluß der Oberfelder haben wir aber bereits früher dahin berücksichtigt, daß wir einen Korrektionsfaktor in unsere Gleichungen einführten, der die nicht sinusförmige Verteilung berücksichtigt, so daß diese Oberfelder nicht einzeln behandelt zu werden brauchen. Anders ist es hingegen, wenn der Magnetisierungsstrom nicht sinusförmig ist. Um aber nun analytische Rechnungen durchführen zu können, wird es zweckmäßig sein, die Stromkurve in ihren Grundstrom und ihre Oberströme aufzulösen und die von den einzelnen Harmonischen erzeugten Felder getrennt zu behandeln[2]).

Wir vernachlässigen deshalb im folgenden die vom Grundstrom und den Oberströmen erzeugten Oberfelder und können dann sämtliche im vorhergehenden Kapitel abgeleiteten Gleichungen für die Stromverteilung und das Drehmoment aus den Feldgleichungen (29) herleiten, wenn wir jede Harmonische getrennt behandeln und beachten, daß wir jetzt überall schreiben müssen $\dfrac{\tau_1}{a}$ statt τ_1 und $\dfrac{\lambda}{b}$ statt λ, wobei a und b Ordnungszahlen der einzelnen Harmonischen bedeuten[3]).

Die vollständige Lösung erhalten wir dann durch Addition der partikulären.

Die zu einer beliebigen Zeit t vom Grundstrom und den Oberströmen erzeugten Felder seien in der z_1-Richtung:

$$\mathfrak{B}^a_{1zt} = B_{11\,max} \cos(\omega t + \eta_1) + B_{13\,max} \cos(3\,\omega t + \eta_3) + \cdots$$

und in der z_2-Richtung:

$$\mathfrak{B}^a_{2zt} = \mathfrak{B}_{21\,max} \cos\left[\omega t + \varepsilon_1 - \left(\frac{\pi}{2} \pm \gamma \pm \varphi\right)\right]$$

$$+ B_{23\,max} \cos\left[3\,\omega t + \varepsilon_3 - \left(\frac{\pi}{2} \pm \gamma \pm \varphi\right)\right] + \cdots$$

$$(29)$$

---

[1]) Arnold, Wechselstromtechnik, Bd. III, Seite 325.

[2]) Siehe Bragstad, Beitrag zur Theorie und Untersuchung der Asynchronmotoren. Sammlung elektr. Vorträge. Enke, Stuttgart.

[3]) Rüdenberg, Energie der Wirbelströme, Seite 31.

wobei η und ε Winkel bedeuten, die von der Kurvenform abhängen. Behandeln wir, wie oben erwähnt, die einzelnen Harmonischen einzeln, so sind die einzelnen Induktionskomponenten zu einer beliebigen Zeit t an einer beliebigen Stelle des Rotors in der z_1-Richtung:

$$\mathfrak{B}^a_{1z_1} = B_{11\,max} \cos(\omega t + \eta_1) \cos\frac{\pi}{\tau_1} x \cdot \cos\frac{\pi}{\lambda} y$$

$$\mathfrak{B}^a_{1z_3} = B_{13\,max} \cos(3\,\omega t + \eta_3) \cos 3\,\frac{\pi}{\tau_1} \cos 3\,\frac{\pi}{\lambda} y \quad \text{usw.}$$

und in der z_2-Richtung:

$$\mathfrak{B}^a_{2z_1} = B_{21\,max} \cos\left[\omega t + \varepsilon_1 - \left(\frac{\pi}{2} \pm \gamma \pm \varphi\right)\right] \cos\left(\frac{\pi}{\tau_1} x - \frac{\pi}{2}\right) \cos\frac{\pi}{\lambda} y$$

$$\mathfrak{B}^a_{2z_3} = B_{23\,max} \cos\left[3\,\omega t + \varepsilon_3 - \left(\frac{\pi}{2} \pm \gamma \pm \varphi\right)\right]$$

$$\cos\left(3\,\frac{\pi}{\tau_1} x - 3\,\frac{\pi}{2}\right) \cos 3\,\frac{\pi}{\lambda} y \quad \text{usw.}$$

Setzen wir zur Abkürzung wie früher

$$\begin{array}{lll} B_{11\,max} = 2\,P_1 & \text{und} & B_{21\,max} = 2\,Q_1 \\ B_{13\,max} = 2\,P_3 & & B_{23\,max} = 2\,Q_3 \quad \text{usw.} \end{array}$$

und ferner
$$\frac{\pi}{\tau_1} = \alpha_1; \quad 3\,\frac{\pi}{\tau_1} = \alpha_3 \quad \text{usw.}$$

$$\frac{\pi}{\lambda} = \beta_1; \quad 3\,\frac{\pi}{\lambda} = \beta_3 \quad \text{usw.}$$

und lösen alle diese Wechselfelder in Drehfelder auf, so erhalten wir die rechtsläufigen Drehfelder:

$$\begin{aligned} \mathfrak{B}^a_{1zr} = \big\{ & P_1 \cdot \cos(\omega t + \eta_1 - \alpha_1 x) \\ & + Q_1 \cos[\omega t + \varepsilon_1 - \alpha_1 x - (\pm\gamma \pm \varphi)]\big\} \cos\beta_1 y \\ \mathfrak{B}^a_{3zr} = \big\{ & P_3 \cos(3\,\omega t + \eta_3 - \alpha_3 x) \\ & + Q_3 \cos[3\,\omega t + \varepsilon_3 - \alpha_3 x - (\pm\gamma \pm \varphi)]\big\} \cos\beta_3 y \quad \text{usw.} \end{aligned}$$

und die linksläufigen Drehfelder

$$\begin{aligned} \mathfrak{B}^a_{1zl} = \big\{ & P_1 \cdot \cos(\omega t + \eta_1 + \alpha_1 x) \\ & + Q_1 \cos[\omega t + \varepsilon_1 + \alpha_1 x - (\pi \pm \gamma \pm \varphi)]\big\} \cos\beta_1 y \\ \mathfrak{B}^a_{3zl} = \big\{ & P_3 \cdot \cos(3\,\omega t + \eta_3 + \alpha_3 x) \\ & + Q_3 \cos[3\,\omega t + \varepsilon_3 + \alpha_3 x - (2\,\pi \pm \gamma \pm \varphi)]\big\} \cos\beta_3 y \end{aligned}$$

$$\text{usw.}$$

$$(30)$$

Nun möge der Rotor wieder mit einer Geschwindigkeit v_2 im Sinne der rechtsläufigen Felder rotieren, so daß wir zur folgenden Berechnung das Magnetsystem mit einer ideellen Geschwindigkeit v_2 in entgegengesetzter Richtung rotierend denken können, während der Rotor in Ruhe bleibt. Dann lauten nun die einzelnen Relativgeschwindigkeiten zwischen dem Magnetsystem und dem rechtsläufigen Feld:

$$v_1 + v_2 = v_{r_1}; \quad v_3 + v_2 = v_{r_3} \text{ usw., wobei } v_1 = v; \quad v_3 = 3\,v \text{ usw.}$$

ist, und zwischen Magnetsystem und linksläufigem Feld:

$$v_1 - v_2 = v_{l_1}; \quad v_3 - v_2 = v_{l_3} \text{ usw.}$$

Dann ergeben sich endlich die Komponenten der Induktionswellen bei rotierend gedachtem Magnetsystem und ruhendem Rotor:

$$\mathfrak{B}^a_{1zr} = \big\{ P_1 \cdot \cos\left[\alpha_1\,(v_{1r}\,t - x) + \eta_1\right]$$
$$+ Q_1 \cos\left[\alpha_1\,(v_{1r}\,t - x) + \varepsilon_1 - (\pm\gamma \pm \varphi)\right]\big\} \cos\beta_1\,y$$

$$\mathfrak{B}^a_{3zr} = \big\{ P_3 \cdot \cos\left[\alpha_3\,(v_{3r} \cdot t - x) + \eta_3\right]$$
$$+ Q_3 \cos\left[\alpha_3\,(v_{3r} \cdot t - x) + \varepsilon_3 + \pi - (\pm\gamma \pm \varphi)\right]\big\} \cos\beta_3\,y \text{ usw.}$$

$$\mathfrak{B}^a_{1zl} = \big\{ P_1 \cdot \cos\left[\alpha_1\,(v_{1l} \cdot t + x) + \eta_1\right]$$
$$+ Q_1 \cos\left[\alpha_1\,(v_{1l}\,t + x) + \varepsilon_1 - (\pi \pm \gamma \pm \varphi)\right]\big\} \cos\beta_1\,y$$

$$\mathfrak{B}^a_{3zl} = \big\{ P_3 \cdot \cos\left[\alpha_3\,(v_{3l} \cdot t + x) + \eta_3\right]$$
$$+ Q_3 \cos\left[\alpha_3\,(v_{3l} \cdot t + x) + \varepsilon_3 - [2\,\pi \pm \gamma \pm \varphi)]\right]\big\} \cos\beta_3\,y \text{ usw.}$$

Damit berechnen sich auch für jede Komponente die einzelnen Strömungen, wenn wir der Einfachheit halber überall die x-Komponenten derselben weglassen, da dieselben auf die weitere Rechnung keinen Einfluß haben, zu:

$$i_{1yr_1} = J_{21r_1} \cdot \cos\left[\alpha_1\,(v_{1r}\,t - x) + \eta_1 - \psi_{1r_1}\right] \cos\beta_1\,y$$
$$i_{1yr_2} = J_{21r_2} \cdot \cos\left[\alpha_1\,(v_{1r}\,t - x) + \varepsilon_1 - (\pm\gamma \pm \varphi) - \psi_{1r_2}\right] \cos\beta_1\,y$$

wobei

$$J_{21r_1} \text{ bzw. } J_{21r_2} = \frac{v_r}{\sqrt{(v_{1r} \cdot l_1)^2 + (\varrho \cdot w_1)^2}} \cdot \frac{\lambda}{\tau_1} \cdot P_1 \text{ bzw. } Q_1$$

$$i_{3yr_1} = J_{23r_1} \cdot \cos\left[\alpha_3\,(v_{3r}\,t - x) + \eta_3 - \psi_{3r_1}\right] \cos\beta_3\,y$$
$$i_{3yr_2} = J_{23r_2} \cdot \cos\left[\alpha_3\,(v_{3r}\,t - x) + \varepsilon_3 + \pi - (\pm\gamma \pm \varphi) - \psi_{r_3}\right] \cos\beta_3\,y$$

wobei

$$J_{23\,r_1} \text{ bzw. } J_{23\,r_2} = \frac{v_{3\,r}}{\sqrt{(v_{3\,r}\cdot l_3)^2 + (\varrho\cdot w_3)^2}} \cdot \frac{\lambda}{\tau_1}\cdot P_3 \text{ bzw. } Q_3 \text{ usw.}$$

$$i_{1\,y\,l_1} = J_{21\,l_1}\cdot \cos\left[\alpha_1\,(v_{1\,l}\,t + x) + \eta_1 + \psi_{1\,l_1}\right]\cos\beta_1\,y$$

$$i_{1\,y\,l_2} = J_{21\,l_2}\cdot \cos\left[\alpha_1\,(v_{1\,l}\,t + x) + \varepsilon_1 - (\pi \pm \gamma \pm \varphi)\right]\cos\beta_1\,y$$

wobei

$$J_{21\,l_1} \text{ bzw. } J_{21\,l_2} = \frac{v_{1\,l}}{\sqrt{(v_{1\,l}\cdot l_1)^2 + (\varrho\,w_1)^2}} \cdot \frac{\lambda}{\tau_1}\cdot P_1 \text{ bzw. } Q_1$$

$$i_{3\,y\,l_1} = J_{23\,l_1}\cdot \cos\left[\alpha_3\,(v_{3\,l}\,t + x) + \eta_3 - \psi_{3\,l_1}\right]\cos\beta_3\,y$$

$$i_{3\,y\,l_2} = J_{23\,l_2}\cdot \cos\left[\alpha_3\,(v_{3\,l}\,t + x) + \varepsilon_3 - (2\,\pi \pm \gamma \pm \varphi) - \psi_{3\,l_2}\right]\cos\beta_3\,y$$

wobei

$$J_{23\,l_1} \text{ bzw. } J_{23\,l_2} = \frac{v_{3\,l}}{\sqrt{(v_{3\,l}\cdot l_3)^2 + (\varrho\,w_3)^2}} \cdot \frac{\lambda}{\tau_1}\cdot P_3 \text{ bzw. } Q_3 \text{ usw.}$$

Mit diesen Gleichungen berechnen wir nun wie früher die von den rechts- und linksdrehenden Feldern ausgeübten Kräfte. Der Einfachheit halber möge aber diese Rechnung weggelassen werden und nur die daraus resultierende Drehmomentgleichung angegeben werden, da die Rechnung sich analog wie früher durchführt.

Dann wird für eine Anordnung mit $2\,p$ Polen das Drehmoment:

$$\begin{aligned}
\vartheta &= \vartheta_r - \vartheta_l \\
&= \tfrac{1}{4}\,\delta_1\,\tau_1\cdot\lambda\cdot p\cdot R_m \big\{ B_{1\,max}\,(J_{21\,r_1}\cos\psi_{1\,r_1} - J_{2\,l_1}\cos\psi_{1\,l_1}) \\
&\quad + B_{13\,max}\,(J_{23\,r_1}\cos\psi_{3\,r_1} - J_{23\,l_1}\cos\psi_{3\,l_1}) + \ldots \\
&\quad + B_{21\,max}\,(J_{21\,r_2}\cos\psi_{1\,r_2} - J_{21\,l_2}\cos\psi_{1\,r_2}) \\
&\quad + B_{23\,max}\,(J_{23\,r_2}\cos\psi_{3\,r_2} - J_{23\,l_2}\cdot\cos\psi_{3\,l_2}) + \ldots \\
&\quad + B_{11\,max}\,[J_{21\,r_2}\cos(\eta_1 - \varepsilon_1 \pm \gamma \pm \varphi + \psi_{1\,r_2}) \\
&\quad + J_{21\,l_2}\cos(\eta_1 - \varepsilon_1 \pm \gamma \pm \varphi + \psi_{1\,l_2})] \\
&\quad - B_{13\,max}\,[J_{23\,r_2}\cos(\eta_3 - \varepsilon_3 \pm \gamma \pm \varphi + \psi_{1\,r_3}) \\
&\quad + J_{23\,l_2}\cos[\eta_3 - \varepsilon_3 \pm \gamma \pm \varphi + \psi_{3\,l_2}) - \ldots \\
&\quad + B_{21\,max}\,[J_{21\,r_1}\cos(\eta_1 - \varepsilon_1 \pm \gamma \pm \varphi - \psi_{1\,r_1}) \\
&\quad + J_{21\,l_1}\cos(\eta_1 - \varepsilon_1 \pm \gamma \pm \varphi - \psi_{1\,l_1}) \\
&\quad - B_{23\,max}\,[J_{23\,r_1}\cos(\eta_3 - \varepsilon_3 \pm \gamma \pm \varphi - \psi_{2\,r_1}) \\
&\quad + J_{23\,l_1}\cos(\eta_3 - \varepsilon_3 \pm \gamma \pm \varphi - \psi_{3\,l_1}] - \ldots\big\}\,\text{Dynen}\cdot\text{cm}\,.
\end{aligned} \qquad (31)$$

In dieser Gleichung erkennen wir, daß die Glieder der höheren Harmonischen das Drehmoment um so stärker v ringern werden, je größer dieselben sind. In dieser Form wird jedoch die Drehmomentgleichung praktisch nicht anwendbar sein. Sie soll deshalb noch umgeformt werden.

Kehren wir deshalb wieder zum ursprünglichen Zustande zurück, bei dem das Magnetsystem stillsteht und der Rotor mit der Geschwindigkeit v_2 rotiert, so müssen wir jetzt die verschiedenen Relativgeschwindigkeiten ausdrücken durch:

$$v_{1r} = v_1 - v_2; \qquad v_{3r} = v_3 - v_2 \text{ usw.}$$

und ebenso

$$v_{1l} = v_1 + v_2; \qquad v_{3l} = v_3 + v_2 \text{ usw.,}$$

wobei wieder

$$v_{1r} + v_{1l} = 2v_1; \qquad v_{3r} + v_{3l} = 2v_3 \text{ usw. ist.}$$

Dann können wir setzen:

und

$$\left.\begin{array}{ll} \dfrac{v_{1r}}{v_1} = s_1; & \dfrac{v_{3r}}{v_3} = s_3 \text{ usw.} \\[3ex] \dfrac{v_{2l}}{v_1} = 2 - s_1; & \dfrac{v_{3l}}{v_3} = 2 - s_3 \text{ usw.} \end{array}\right\} \tag{32}$$

Ersetzen wir noch die als Stromamplituden definierten Größen J_2 durch ihre Werte und entwickeln außerdem die Kosinusfunktionen wie früher, so können wir unsere Drehmomentgleichung (31) schreiben:

$$\vartheta = \frac{1}{8} \cdot \frac{1}{981} \cdot \delta_1 \cdot \lambda^2 \cdot \alpha_1 \cdot \varrho \cdot w \cdot \omega \cdot p \cdot R_m \Bigg\{ (B_{11\,max}^2 + B_{21\,max}^2)$$

$$\left[\frac{s_1}{(\omega \cdot s_1 \cdot l_1)^2 + (\alpha_1 \varrho w)^2} - \frac{2 - s}{[(2 - s_1)\omega \cdot l_1]^2 + (\alpha_1 \varrho w)^2} \right]$$

$$+ 3\,(B_{13\,max}^2 + B_{23\,max}^2) \left[\frac{s_3}{(\omega \cdot s_3 \cdot l_3)^2 + (\alpha_3 \cdot \varrho w)^2} \right.$$

$$\left. - \frac{2 - s_3}{[(2 - s_3)\omega \cdot l_3]^2 + (\alpha_3 \cdot \varrho \cdot w)^2} \right] + \cdots$$

$$+ 2\,B_{11\,max} \cdot B_{21\,max} \left[\frac{s_1}{(\omega \cdot s_1 \cdot l)^2 + (\alpha_1 \cdot \varrho w)^2} \right.$$

$$\left. + \frac{2 - s_1}{(\omega \cdot s_1 \cdot l)^2 + (\alpha_1 \cdot \varrho \cdot w)^2} \right] \cos(\eta_1 - \varepsilon_1 \pm \gamma \pm \varphi)$$

$$- 2 \cdot 3 \cdot B_{13\,max} \cdot B_{23\,max} \left[\frac{s_3}{(\omega \cdot s_3 \cdot l_3)^2 + (\alpha_3 \cdot \varrho \cdot w)^2} \right.$$

$$\left. + \frac{2 - s_3}{[(2 - s_3)\omega \cdot l_3]^2 + (\alpha_3 \cdot \varrho \cdot w)^2} \right] \cos(\eta_3 - \varepsilon_3 \pm \gamma \pm \varphi) - \cdots \Bigg\} \tag{33}$$

Wir erkennen nun darin wie früher, daß auch bei beliebigen Feldern das Drehmoment vollständig von der Zeit unabhängig ist, daß dasselbe jedoch mit der Zunahme der Oberfelder dem Grade der Ordnungszahlen entsprechend abnehmen wird. Beachten wir noch Gl. (19), so erkennen wir, daß jeder im Rotor induzierte Oberstrom eine andere Verschiebung besitzt und nach dem Grade der Ordnungszahlen in verschiedener Weise von der Fehlgeschwindigkeit abhängt. Das Gesamtbild der Strömung bleibt daher nicht wie beim reinen Sinusfelde ungeändert, sondern wird mit wachsender Ordnungszahl der Oberfelder und wachsender Rotorgeschwindigkeit vollständig verzerrt werden. Die Verschiebung der Oberströme wird im allgemeinen kleiner werden als die der Grundströmung. Es ist daher nicht mehr möglich, jedem Stromfaden einen bestimmten Selbstinduktionskoeffizienten zuzuschreiben, da bei einer Veränderung der Rotorgeschwindigkeit oder der Feldgeschwindigkeit die Gestalt der Stromfäden verzerrt wird. In unserem Falle ist der Selbstinduktionskoeffizient proportional der Größe l, so daß die Oberströme durch die Selbstinduktion stark geschwächt werden, da ja ihre Reaktanz $v_r \cdot l_a$ bzw. $v_l \cdot l_a$ größer wird als beim Grundstrome.

Beachten wir noch, daß die Gl. (33) unter Vernachlässigung der Oberfelder der Grund- und Oberströme abgeleitet wurde, so werden wir weiter erkennen, daß dieselbe nur qualitativ und nicht quantitativ richtige Resultate liefern kann, da jedes Oberfeld eine andere Induktionsverteilung im Luftspalt hat.

Wir können aber Gl. (33) dadurch korrigieren, daß wir einen Wicklungsfaktor f_w, analog wie früher, einführen, der für jedes Oberfeld einen anderen Wert besitzt.

Damit wird die Drehmomentgleichung:

$$\vartheta = \frac{1}{8} \cdot \frac{1}{981} \cdot \delta_1 \cdot \lambda^2 \cdot \alpha_1 \cdot \varrho \cdot w \cdot \omega \cdot p \cdot R_m \left[f_{w_1} \left(B_{11\,max}^2 + B_{21\,max}^2 \right) \right.$$

$$\left(\frac{s_1}{z_{r_1}^2} - \frac{2 - s_1}{z_{l_1}^2} \right) + 2 \cdot B_{11\,max} B_{21\,max} \cdot f_{w_1} \left(\frac{s_1}{z_{r_1}^2} + \frac{2 - s_1}{z_{l_1}^2} \right)$$

$$\cos \left(\eta_1 - \varepsilon_1 \pm \gamma \pm \varphi \right) + 3 \cdot f_{w_3} \left(B_{13\,max}^2 + B_{23\,max}^2 \right)$$

$$\left(\frac{s_3}{z_{r_3}^2} - \frac{2 - s_3}{z_{l_3}^2} \right) - 3 \cdot 2 \cdot f_{w_3} B_{13\,max} \cdot B_{23\,max}$$

$$\left. \left(\frac{s_3}{z_{r_3}^2} + \frac{2 - s_3}{z_{l_3}^2} \right) \cos \left(\eta_3 - \varepsilon_3 \pm \gamma \pm \omega \right) - \ldots \right] \text{cmgr} \qquad (34)$$

wobei $z_r{}^2$ und $z_l{}^2$ die früher eingeführten Abkürzungen bedeuten.

Der Wicklungsfaktor für jedes Oberfeld wird stets kleiner werden wie beim Grundfeld, da

$$f_{w_1} = \frac{\sin \dfrac{S}{\tau_1} \cdot \dfrac{\pi}{2}}{\dfrac{S}{\tau_1} \cdot \dfrac{\pi}{2}}; \qquad f_{w_3} = \frac{\sin 3 \dfrac{S}{\tau_1} \cdot \dfrac{\pi}{2}}{3 \dfrac{S}{\tau_1} \cdot \dfrac{\pi}{2}}$$

$$f_{w_5} = \frac{\sin 5 \dfrac{S}{\tau_1} \cdot \dfrac{\pi}{2}}{5 \dfrac{S}{\tau_1} \cdot \dfrac{\pi}{2}} \quad \text{usw.}$$

Daher wird für die Praxis wohl nur die 3. und 5. Harmonische noch in Frage kommen und die übrigen wird man ruhig vernachlässigen dürfen, da ihre Felder zum größten Teil sehr klein sind und außerdem ihre Wicklungsfaktoren erheblich kleiner als 1 sind.

Die Drehmomentgleichung für die direkt zeigenden Instrumente erhalten wir nun analog wie früher, indem wir einfach $v_2 = 0$, also $s_1 = s_3 = s_5 = 1$ setzen.

Dadurch geht dann Gl. (34) über in:

$$\vartheta = \frac{1}{2 \cdot 981} \cdot \delta_1 \cdot \lambda^2 \cdot \alpha_1 \cdot \varrho \cdot w \cdot \omega \cdot p \cdot R_m$$

$$\left[\frac{f_{w_1}}{(\omega \cdot l_1)^2 + (\alpha_1 \cdot \varrho \cdot w)^2} \cdot B_{11\,max} \cdot B_{21\,max} \cdot \cos(\eta_1 - \varepsilon_1 \pm \gamma \pm \varphi) \right.$$

$$- \frac{3 \cdot f_{w_3}}{(\omega \cdot l_1)^2 + (\alpha_1 \cdot \varrho \cdot w)^2} \cdot B_{13\,max} \cdot B_{23\,max}$$

$$\left. \cos(\eta_3 - \varepsilon_3 \pm \gamma \pm \varphi) - \dots \right] \text{cmgr} \ . \ . \ . \ . \ . \ . \ . \quad (35)$$

In dieser Gleichung tritt die Abnahme des Drehmomentes durch die Oberströme wieder deutlich hervor, wird jedoch bei den praktisch vorkommenden verzerrten Strom- und Spannungskurven verhältnismäßig klein sein. Immerhin wird diese Erscheinung bei diesen Ferrarismeßgeräten zu sehr schwer zu beseitigenden Fehlern Anlaß geben können, die die Verwendung in vielen Fällen in Frage stellen wird.

Nachdem wir nun die Drehmomentgleichungen für die symmetrischen Anordnungen kennen gelernt, so können wir auch die praktisch häufiger vorkommenden unsymmetrischen Anordnungen der Pole betrachten, die sich wohl der billigen Herstellung wegen schneller als die symmetrischen in die Praxis eingeführt haben.

2. Unsymmetrische Anordnungen der Pole.

Die in den früheren Abschnitten abgeleiteten Gleichungen haben bei Berücksichtigung der Feldausbreitung im Luftspalt sowohl bei scheiben- als auch zylinderförmigem Rotor Gültigkeit, solange die Pole symmetrisch am Rotorumfange angeordnet sind. Nun kommt aber gerade bei unsymmetrischen Anordnungen der scheibenförmige Rotor praktisch fast ausschließlich zur Anwendung, so daß wir auch im folgenden der Rechnung einen scheibenförmigen Rotor zugrunde legen wollen.

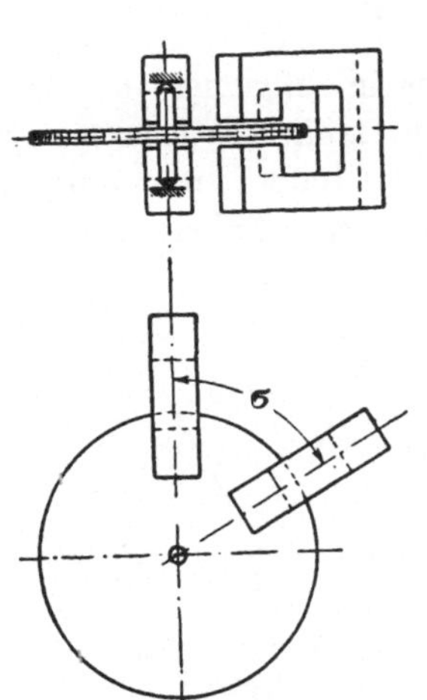

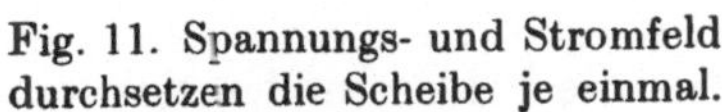

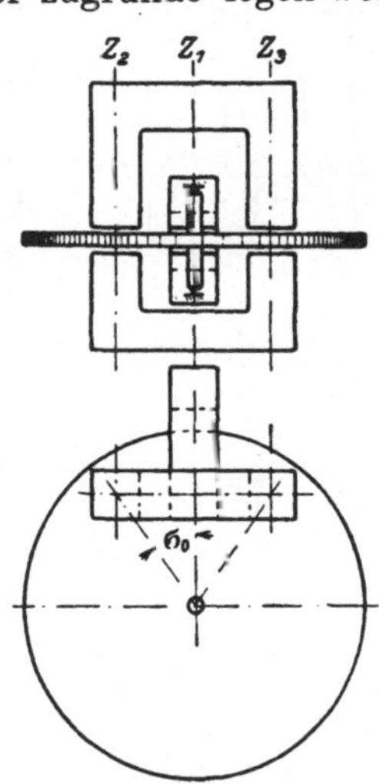

Fig. 11. Spannungs- und Stromfeld durchsetzen die Scheibe je einmal.

Fig. 12. Spannungsfeld durchsetzt die Scheibe mehrere Male.

Bei der Behandlung dieser unsymmetrischen Anordnungen haben wir zwei praktisch wichtige Fälle zu unterscheiden, die ihrer verschiedenen Anordnung wegen nicht zum gleichen Resultate führen, nämlich:

a) Das Spannungsfeld durchsetzt die Scheibe einmal (Fig. 11) und

b) Das Spannungsfeld durchsetzt die Scheibe ein- oder mehrere Male (Fig. 12), währenddem im ersten Fall das Stromfeld die Scheibe einmal und im zweiten Falle ein- oder mehreremal durchsetzt, je nachdem die Eisenarmatur für beide getrennt oder gemeinsam ausgeführt ist (Fig. 13). Der erstere Fall ist der einfache und soll deshalb zuerst behandelt werden.

a) Strom- und Spannungsfeld durchsetzen die Scheibe je nur einmal.

Wir nehmen an, die Felder in Fig. 11 seien um einen Winkel $\dfrac{\pi}{2} \pm \sigma$ räumlich gegeneinander verschoben, wobei das Vorzeichen von σ aus Fig. 14 ersichtlich ist. Die zeitliche Verschiebung der Felder betrage wie früher $\left(\dfrac{\pi}{2} \pm \gamma \pm \varphi\right)^0$. Wir machen ferner im allgemeinen dieselben Annahmen wie früher, wollen uns aber der Einfachheit halber nur auf sinusförmige Felder beschränken.

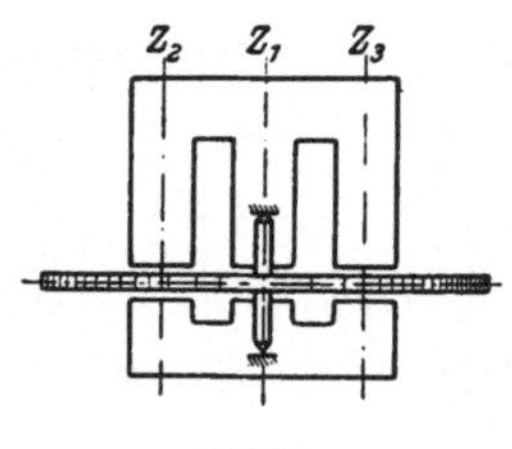

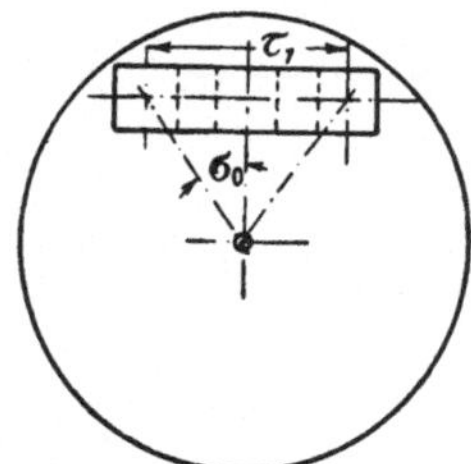

Fig. 13. Strom- und Spannungsfeld durchsetzen die Scheibe mehrere Male.

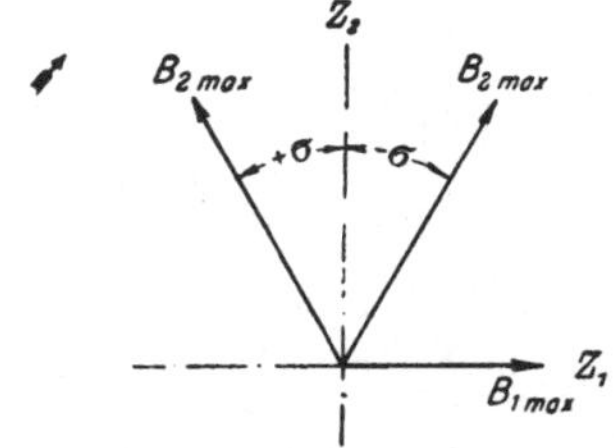

Fig. 14. Vektordiagramm der Felder.

Zu einer beliebigen Zeit t mögen die Felder in der z_1- und z_2-Richtung lauten:

$$\left.\begin{aligned}
\mathfrak{B}^a_{1\,zt} &= B_{1\,max} \cos \omega t \\
\mathfrak{B}^a_{2\,zt} &= B_{2\,max} \cos\left[\omega t - \left(\frac{\pi}{2} \pm \gamma \pm \varphi\right)\right]
\end{aligned}\right\} \quad . \quad . \quad (36)$$

Betrachten wir wieder zu einer beliebigen Zeit t die Induktion an einer beliebigen Stelle des Rotors, so wird:

$$\left.\begin{aligned}
\mathfrak{B}^a_{1zt} &= B_{1\,max} \cos \omega t \cdot \cos \frac{\pi}{\tau_1} x \cdot \cos \frac{\pi}{\lambda} y \\[2mm]
\mathfrak{B}^a_{2zt} &= B_{2\,max} \cos \left[\omega t - \left(\frac{\pi}{2} \pm \gamma \pm \varphi\right)\right] \\[2mm]
&\quad \cos \left[\frac{\pi}{\tau} x - \left(\frac{\pi}{2} \pm \sigma\right)\right] \cdot \cos \frac{\pi}{\lambda} y
\end{aligned}\right\}$$

wobei jetzt τ den Bogenabstand beider Pole voneinander bedeutet (Fig. 11). Lösen wir diese Wechselfelder wieder in Drehfelder auf und setzen zur Abkürzung $B_{1\,max} = 2P$ und $B_{2\,max} = 2Q$, so erhalten wir die rechts- und linksläufigen Drehfelder bei ruhendem Rotor zu:

$$\left.\begin{aligned}
\mathfrak{B}^a_{zr} &= \{P \cdot \cos(\omega t - \alpha x) + Q \cos[\omega t - \alpha x - (\pm \gamma \pm \varphi) \pm \sigma]\} \cos \beta y \\
\mathfrak{B}^b_{zl} &= \{P \cdot \cos(\omega t - \alpha x) + Q \cos[\omega t - \alpha x - (\pi \pm \gamma \pm \varphi \pm \sigma)]\} \cos \beta y
\end{aligned}\right\}$$

Erteilen wir nun wieder dem Magnetsystem eine ideelle Geschwindigkeit genau entgegengesetzt der des Rotors, wenn derselbe im Sinne des rechtsläufigen Feldes rotieren möge, so werden die Relativgeschwindigkeiten

$$v_r = v + v_2 \qquad \text{und} \qquad v_l = v - v_2.$$

Damit werden dann die rechts- und linksläufigen Wellen der Induktionen bei rotierendem Rotor:

$$\left.\begin{aligned}
\mathfrak{B}^a_{zr} &= \{P \cos \alpha (v_r t - x) + Q \cos[\alpha (v_r t - x) \\
&\quad - (\pm \gamma \pm \varphi) \pm \sigma]\} \cos \beta y \\
\mathfrak{B}^a_{zl} &= \{P \cdot \cos \alpha (v_l t + x) + Q \cos[\alpha (v_l t + x) \\
&\quad - (\pi \pm \gamma \pm \varphi \pm \sigma)]\} \cos \beta y
\end{aligned}\right\} \quad \cdot \quad (37)$$

Mit diesen Gleichungen berechnen wir wie früher die Strömung im Rotor und lassen wieder der Einfachheit halber die x-Komponenten derselben weg.

Dann sind wieder die y-Komponenten der Strömungen:

$$\left.\begin{aligned}
i_{y r_1} &= J_{2 r_1} \cos[\alpha (v_r t - x) - \psi_{r_1}] \cos \beta y \\
i_{y r_2} &= J_{2 r_2} \cos[\alpha (v_r t - x) - \psi_{r_2} - (\pm \gamma \pm \varphi) \pm \sigma] \cos \beta y
\end{aligned}\right\}$$

wobei
$$J_{2r_1} \text{ bzw. } J_{2r_2} = \frac{v_r}{\sqrt{(v_r \cdot l)^2 + (\varrho w)^2}} \cdot \frac{\lambda}{\tau} \cdot P \text{ bzw. } Q.$$

$$\left.\begin{aligned} i_{y l_1} &= J_{2 l_1} \cdot \cos\left[\alpha\left(v_l\, t + x\right) - \psi_{l_1}\right] \cos \beta\, y \\ i_{y l_2} &= J_{2 l_2} \cdot \cos\left[\alpha\left(v_l\, t + x\right) - \psi_{l_2} - \left(\pi \pm \gamma \pm \varphi \pm \sigma\right)\right] \cos \beta\, y \end{aligned}\right\}$$

wobei
$$J_{2 l_1} \text{ bzw. } J_{2 l_2} = \frac{v_l}{\sqrt{(v_l \cdot l)^2 + (\varrho \cdot w)^2}} \cdot \frac{\lambda}{\tau} \cdot P \text{ bzw. } Q.$$

Wir kehren nun wieder zum ursprünglichen Zustande zurück, wobei das Magnetsystem sich in Ruhe und der Rotor sich in Bewegung befindet. Dann sind die Relativgeschwindigkeiten:

$$\left.\begin{aligned} v_r &= v - v_2 & \text{und} && \frac{v_r}{v} &= s \\[2mm] v_l &= v + v_2 & && \frac{v_l}{v} &= 2 - s \end{aligned}\right\}$$

Die Kraft, die vom rechtsläufigen und linksläufigen Feld auf den Rotor ausgeübt wird, berechnet sich wie früher. Dabei machen wir jedoch die Annahme, daß sich die Strömung analog den früheren Betrachtungen nur auf einen Plattenabschnitt von der doppelten Polteilung ausdehnt, so daß wir nur über diesen zu integrieren brauchen. In Wirklichkeit wird sich dieselbe zwar über die ganze Scheibe ausdehnen, jedoch kommt für das Drehmoment nur eine doppelte Polteilung als wirksam in Frage.

Dann ergibt sich die Drehmomentgleichung in unserer ersten Form zu:

$$\begin{aligned} \vartheta = \tfrac{1}{4}\, \delta_1 \cdot \lambda \cdot \tau \cdot R_m \Big\{ &B_{1\,max}\left(J_{2r_1} \cos \psi_{r_1} - J_{2 l_1} \cos \psi_{l_1}\right) \\ &+ B_{2\,max}\left(J_{2r_2} \cos \psi_{r_2} - J_{2 l_2} \cos \psi_{l_2}\right) + B_{1\,max}\big[J_{2r_2} \cos\left(\psi_{r_2} \pm \gamma \pm \varphi \mp \sigma\right) \\ &+ J_{2 l_2} \cos\left(\psi_{l_2} \pm \gamma \pm \varphi \pm \sigma\right)\big] + B_{2\,max}\big[J_{2r_1} \cos\left(\psi_{r_1} - (\pm \gamma \pm \varphi) \pm \sigma\right) \\ &+ J_{2 l_1} \cos\left(\psi_{l_1} - (\pm \gamma \pm \varphi \pm \sigma)\right)\big]\Big\} \text{ Dynen} \cdot \text{cm} \quad \ldots \quad (38) \end{aligned}$$

Wir erkennen auch hier, daß das Drehmoment vollständig von der Zeit unabhängig ist, daß aber noch ein neuer Faktor hinzugetreten ist, der die räumliche Abweichung von 90° zum Ausdruck bringt.

Entwickeln wir noch die Kosinusfunktionen und setzen

außerdem für J, $\cos\psi$ und $\sin\psi$ die entsprechenden Werte ein, so erhalten wir jetzt die Drehmomentgleichung:

$$\vartheta = \frac{1}{4} \cdot \frac{1}{981} \cdot \delta_1 \cdot \lambda^2 \cdot \alpha \cdot \varrho \cdot w \cdot \omega \cdot R_m \left\{ (B_{1\,max}^2 + B_{2\,max}^2) \right.$$

$$\left[\frac{s}{(\omega \cdot s \cdot l)^2 + (\alpha\varrho w)^2} - \frac{2-s}{[(2-s)\,\omega \cdot l]^2 + (\alpha\varrho w)^2} \right]$$

$$+ 2\,B_{1\,max} \cdot B_{2\,max} \left[\frac{s}{(\omega \cdot s \cdot l)^2 + (\alpha\varrho w)^2} + \frac{2-s}{[(2-s)\,l \cdot \omega]^2 + (\alpha\varrho w)^2} \right]$$

$$\left. \left[\cos(\pm\gamma \pm \varphi)\cos\sigma + \sin(\pm\gamma \pm \varphi)\sin\pm\sigma \right] \right\} \text{ cmgr} \quad . \quad . \quad (39)$$

Bemerkenswert ist in dieser Gleichung das Auftreten ganz neuer Glieder, die die räumliche Abweichung von 90° zum Ausdruck bringen. Das erste Glied wird stets negativ sein, also bremsend, da $2-s$ immer größer als 1 ist. Das zweite Glied hingegen stellt das eigentliche Drehmoment dar und ist in der Hauptsache von γ, φ und σ abhängig.

Sind beide Felder auf genaue 90°-Phase gebracht und ist die Belastung induktionsfrei, so verschwindet das Restglied, das den Sinus von γ, φ und σ enthält, und die Drehmomentgleichung (39) unterscheidet sich von der früheren für symmetrische Anordnung nur durch den Faktor $\cos\sigma$, welcher eine Verkleinerung des Drehmomentes mit wachsendem σ bewirkt. Ist hingegen die Belastung nicht induktionsfrei, oder sind die Felder nicht auf genau 90° abgeglichen, so entsteht noch ein Zusatzglied, das den Sinus von γ, φ und σ enthält, wodurch das Drehmoment nicht mehr proportional mit der zu messenden Leistung ist und daher ein solcher Zähler falsch zeigen muß.

Da nun σ eine vom Bogenabstand beider Magnete abhängende Größe ist, so kann der besseren Übersicht halber dieser Winkel noch ausgedrückt werden durch: $\sigma = 90 - \sigma_0$, wobei $\sigma_0 = \dfrac{\tau}{R_m} \cdot \dfrac{180^\circ}{\pi}$ ist oder aber

$$\cos\sigma = \cos(90 - \sigma_0) = \sin\left(\frac{\tau}{R_m} \cdot \frac{180}{\pi} \right)$$

und $\qquad \sin\pm\sigma = \pm\sin(90 - \sigma_0) = \pm\cos\left(\dfrac{\tau}{R_m} \cdot \dfrac{180}{\pi} \right).$

Damit wird nun, wenn σ negativ ist oder $\sigma_0 < 90^0$,

$$\vartheta = \frac{1}{4\cdot 981}\,\delta_1\cdot\lambda^2\cdot\alpha\cdot\varrho\cdot w\cdot\omega\cdot R_m \left\{ (B_{1\,max}^2 + B_{2\,max}^2)\left(\frac{s}{z_r^2} - \frac{2-s}{z_l^2}\right) \right.$$

$$+ 2B_{1\,max}\cdot B_{2\,max}\left(\frac{s}{z_r^2} + \frac{2-s}{z_l^2}\right)\left[\cos(\pm\gamma\pm\varphi)\sin\left(\frac{\tau}{R_m}\cdot\frac{180}{\pi}\right)\right.$$

$$\left.\left. - \sin(\pm\gamma\pm\varphi)\cos\left(\frac{\tau}{R_m}\cdot\frac{180}{\pi}\right)\right]\right\}\ \text{cmgr} \ . \ . \ . \ . \ . \ . \ . \quad (40)$$

In dieser Gleichung erkennen wir, daß gerade dieser räumliche Winkel den weittragendsten Einfluß auf die Größe des Drehmomentes hat.

Wir können nun auch die Gleichungen für die direktzeigenden Instrumente herleiten, indem wir einfach $v_2 = 0$ setzen, so daß $s = 2 - s = 1$ wird.

Dann ergibt sich für direktzeigende Instrumente die Drehmomentgleichung

$$\vartheta = \frac{1}{981}\cdot\delta_1\cdot\lambda^2\cdot\frac{\alpha\cdot\varrho\cdot w\cdot\omega\cdot R_m}{(\omega\cdot l)^2 + (\alpha\cdot\varrho\cdot w)^2}\cdot B_{1\,max}\cdot B_{2\,max}$$

$$\left[\cos(\pm\gamma\pm\varphi)\sin\left(\frac{\tau}{R_m}\cdot\frac{180}{\pi}\right) - \sin(\pm\gamma\pm\varphi)\cos\left(\frac{\tau}{R_m}\cdot\frac{180}{\pi}\right)\right]\ \text{cmgr}$$

$$(41)$$

Aus diesen Gleichungen erhalten wir ferner das Resultat, daß sowohl bei Zählern als auch bei direktzeigenden Instrumenten (Wattmeter) mit unsymmetrischer Anordnung der Pole der Charakter als Cosinusinstrument um so stärker gestört wird, je größer die zeitliche Abweichung der Felder von 90^0 wird.

In den Kurven der Fig. 8 haben wir gesehen, daß durch die Schlüpfung des Rotors ein Fehler entsteht, und sehen nun weiter, daß dieser noch durch eine symmetrische Anordnung unter Umständen erheblich vermehrt wird.

Daraus erhalten wir aber eine wichtige Folgerung, daß man nämlich bei solchen Apparaten dieses Prinzips, die für stark induktive Belastung bestimmt sind oder bei denen die Felder von der zeitlichen 90^0-Phase sonst abweichen, immer symmetrische Anordnungen der Pole verwenden soll, da dabei die kleinsten möglichen Fehler auftreten.

Sind dieselben hingegen für induktionsfreie Belastung bestimmt oder ist die zeitliche Abweichung von der 90^0-Phase klein, so wird auch ein Apparat mit unsymmetrischer Anordnung der Pole gute Resultate liefern, aber eine schlechtere Ausnützung des Materials gestatten.

Nachdem wir nun die einfachste aller unsymmetrischen Anordnungen kennen gelernt haben, wollen wir zu der praktisch wohl am häufigsten vorkommenden „Dreizacken-Anordnung" übergehen.

b) Dreizacken-Anordnung.

Eine solche Dreizacken-Anordnung ist in Fig. 13 dargestellt. Die beiden äußeren Zacken mögen vom Verbrauchsstrom erregt und die mittlere Zacke von einem der Spannung proportionalen Strom erregt werden. Für die folgenden Betrachtungen möge vorerst die mittlere Zacke von der übrigen Armatur getrennt sein und als selbständiger Magnet ausgebildet gedacht werden, wie es Fig. 12 und 15 zeigt. Dadurch wird sich die Rechnung wesentlich einfacher gestalten.

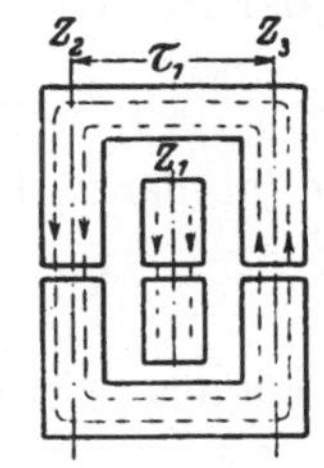

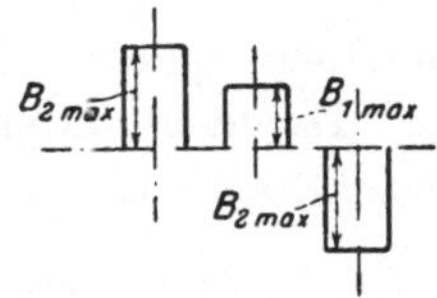

Fig. 15. Dreizacken-Anordnung mit getrennter mittlerer Zacke.

Ferner möge die Scheibe durch eine geradlinig begrenzte Platte von der Breite λ ersetzt werden, so daß die Rechnung wieder auf ein rechtwickliges Koordinatensystem bezogen werden kann[1]).

Dadurch aber wird die so ermittelte Drehmomentgleichung von der wirklichen abweichen, weil in Wirklichkeit bei den äußeren Polen nicht dieselbe Plattenbreite wie bei dem inneren vorhanden ist und sich außerdem die Strömung auf der einen Plattenhälfte über die angenommene Plattenbreite hinaus ausbreitet. Nun kommt aber für die Kräftewirkung zwischen Feld und Strömung nur derjenige Teil der Strömung in Be-

---

[1]) Die Rechnung ließe sich auch mit derselben Leichtigkeit durch Anwendung von Zylinderkoordinaten auf gekrümmte Scheiben beziehen; es würden alsdann statt trigonometrische, Besselsche Funktionen auftreten. Da jedoch eine Methode zur Entwicklung der Ordinaten graphisch gegebener Kurven in Besselsche Funktionen der Abszissen nicht bekannt ist, so würde man mit dieser genaueren Lösung praktisch nichts anfangen können.

4*

tracht, der unmittelbar noch im Bereiche des Feldes liegt, so daß der übrige Teil vernachlässigt werden kann. Wollte man nun noch die Krümmung der Scheibe berücksichtigen, so würde man zu ganz unübersichtlichen Gleichungen gelangen, die für die Praxis ganz unbrauchbar wären[1]). Als Näherungsmethode wird man jedoch unter den gemachten Voraussetzungen zu ganz brauchbaren Gleichungen gelangen.

Ist nun in der z-Achse zu einer beliebigen Zeit t die Induktion in der z_1-Richtung:

$$\mathfrak{B}_{1z}^a = B_{1\,max} \cdot \cos \omega t$$

in der z_2-Richtung

$$\mathfrak{B}_{2z}^a = B_{2\,max} \cdot \cos\left[\omega t - \left(\frac{\pi}{2} \pm \gamma \pm \varphi\right)\right]$$

und in der z_3-Richtung

$$\mathfrak{B}_{3z}^a = B_{2\,max} \cdot \cos\left[\omega t - \left(\frac{3\,\pi}{2} \pm \gamma \pm \varphi\right)\right] \tag{42}$$

so können wie früher die resultierenden Induktionswellen angegeben werden, indem wir diese Felder in rechts- und linksläufige Drehfelder auflösen und dem Magnetsystem eine ideelle Geschwindigkeit erteilen und uns den Rotor ruhend denken.

Damit erhalten wir wie früher die rechts- und linksläufigen Induktionswellen zu:

$$\mathfrak{B}_{zr}^a = \left\{P \cdot \cos \alpha_1 (v_r t - x) + Q\left[\cos\left[\alpha_1 (v_r t - x)\right.\right.\right.$$
$$\left. - \left(\frac{\pi}{2} \pm \gamma \pm \varphi \pm \sigma_0\right)\right] + \cos\left[\alpha_1 (v_r t - x)\right.$$
$$\left.\left.\left. - \frac{3\,\pi}{2} \pm \gamma \pm \varphi + \sigma_0\right)\right]\right]\right\} \cos \beta y$$

$$\mathfrak{B}_{zl}^a = \left\{P \cdot \cos \alpha_1 (v_l t + x) + Q\left[\cos \alpha_1 (v_l t + x)\right.\right.$$
$$\left. - \left(\frac{\pi}{2} \pm \gamma \pm \varphi + \sigma_0\right)\right] + \cos\left[\alpha_1 (v_l t + x)\right.$$
$$\left.\left. - \left(\frac{3\,\pi}{2} \pm \gamma \pm \varphi - \sigma_0\right)\right]\right\} \cos \beta y \tag{43}$$

---

[1]) Die Krümmung der Scheibe kann nur einigermaßen mit Erfolg berücksichtigt werden, wenn das Selbstinduktionsfeld vernachlässigt wird, also induktionsfreie Strömung vorausgesetzt wird. Siehe auch Rogowski, E. u. M. 1911, Heft 45.

worin $P = \dfrac{1}{2} B_{1\,max}$; $Q = \dfrac{1}{2} B_{2\,max}$ und σ_0 den räumlichen Winkel zwischen zwei aufeinanderfolgende Pole bedeutet.

Berechnen wir nun wie früher für jede Komponente einzeln die Strömung, so erhalten wir die einzelnen Strömungsgleichungen:

$$i_{y\,r_1} = J_{2\,r_1} \cdot \cos\left[\alpha_1\left(v_r t - x\right) - \psi_{r_1}\right] \cos\beta y$$

$$i_{y\,r_2} = J_{2\,r_1} \cdot \cos\left[\alpha_1\left(v_r t - x\right) - \psi_{r_2}\right.$$
$$\left. - \left(\frac{\pi}{2} + \gamma \pm \varphi - \sigma_0\right)\right] \cos\beta y$$

$$i_{y\,r_3} = J_{2\,r_2} \cos\left[\alpha_1\left(v_r t - x\right) - \psi_{r_3}\right.$$
$$\left. - \left(\frac{3\,\pi}{2} \pm \gamma \pm \varphi + \sigma_0\right)\right] \cos\beta y$$

$$i_{y\,l_1} = J_{2\,l_1} \cdot \cos\left[\alpha_1\left(v_l t + x\right) - \psi_{l_1}\right] \cos\beta y$$

$$i_{y\,l_2} = J_{2\,l_2} \cdot \cos\left[\alpha_1\left(v_l t + x\right) - \psi_{l_2}\right.$$
$$\left. - \left(\frac{\pi}{2} \pm \gamma \pm \varphi - \sigma_0\right)\right] \cos\beta y$$

$$i_{y\,l_3} = J_{2\,l_2} \cdot \cos\left[\alpha_1\left(v_l t + x\right) - \psi_{l_3}\right.$$
$$\left. - \left(\frac{3\,\pi}{2} \pm \gamma \pm \varphi - \sigma_0\right)\right] \cos\beta y$$

worin sich die Strömungsamplituden wie früher berechnen. Ermitteln wir wieder aus dem elektromagnetischen Elementargesetz die Kraft, die von den Feldern auf die Strömung ausgeübt wird, so erhalten wir schließlich die Drehmomentgleichung in der ursprünglichen Form:

$$\vartheta = \frac{1}{4}\,\delta_1 \cdot \lambda \cdot \tau_1 \cdot R_m\left[P \cdot \left(J_{2\,r_1} \cdot \cos\psi_r - J_{2\,l_1} \cdot \cos\psi_l\right)\right.$$
$$+ 2Q\left(1 - \cos 2\,\sigma_0\right)\left(J_{2\,r_2} \cos\psi_r - J_{2\,l_2} \cos\psi_l\right)$$
$$+ 2P\left(J_{2\,r_2} \cos\psi_r + J_{2\,l_2} \cos\psi_l\right)\cos(\pm\gamma\pm\varphi)\sin\sigma_0$$
$$\left. + 2Q\left(J_{2\,r_1} \cos\psi_r + J_{2\,l_1} \cos\psi_l\right)\cos(\pm\gamma\pm\varphi)\sin\sigma_0\right] \cdot \quad (44)$$
$$\text{Dynen} \cdot \text{cm}$$

Ersetzen wir noch in dieser Gleichung P, Q, J und $\cos\psi$ durch ihre ursprünglichen Werte, so erhalten wir schließlich die Drehmomentgleichung:

$$\left.\begin{aligned}
\vartheta = \frac{1}{16} \cdot \frac{1}{971} \cdot \delta_1 \cdot \lambda^2 \cdot \alpha_1 \cdot \varrho \cdot w \cdot \omega \cdot R_m \\
\left\{\left[B_{1\,max}^2 + 2\,B_{2\,max}^2\,(1 - \cos 2\,\sigma_0)\right]\left(\frac{s}{z_r^2} - \frac{2-s}{z_l^2}\right)\right. \\
+ 4\,B_{1\,max} \cdot B_{2\,max}\left(\frac{s}{z_r^2} + \frac{2-s}{z_l^2}\right) \\
\left. \cos(\pm\gamma \pm \varphi)\sin\sigma_0\right\} \text{ cmgr}
\end{aligned}\right\} \quad (45)$$

worin z_r^2 und z_l^2 die auf S. (32) angegebenen Abkürzungen bedeuten.

Aus dieser Gleichung ersehen wir, daß auch jetzt noch das Drehmoment vollständig von der Zeit unabhängig ist, daß aber bei dieser Anordnung der Pole auch das bremsende Glied der Gl. (45) durch den räumlichen Winkel σ beeinflußt wird. Außerdem wird bei dieser Anordnung der Pole die bremsende Wirkung des Stromfeldes stärker hervortreten wie bei den früheren, da dasselbe die Scheibe zweimal durchsetzt, so daß im allgemeinen hierbei die Fehlerkurve eine stärkere Krümmung erleidet.

Praktisch kommt nun noch eine Abänderung dieser Anordnung vor, nämlich bei welcher die äußeren Schenkel die Spannungswicklung und der mittlere die Stromwicklung tragen (A.E.-G.). Ein Blick auf die Gl. (45) lehrt uns aber, daß dadurch die Bremsung vermehrt wird und die Fehlerkurve mit zunehmender Belastung stark durchbiegen muß, weil praktisch das Spannungsfeld immer größer als das Stromfeld ist. Es wird deshalb die erstere Anordnung mit der Spannungswicklung auf dem mittleren Schenkel vorzuziehen sein, da damit innerhalb des ganzen Meßbereiches eine größere Genauigkeit als bei der zweiten erzielt wird.

Ziehen wir bei Gl. (45) noch in Betracht, daß die Pole in einer Ebene liegen, daß also die Stromschenkel weiter von der Achse des Rotors entfernt sind als der Spannungsschenkel und daß ferner in diesem Falle die Feldverteilung im Luftspalt nicht mehr durch einen Wicklungsfaktor korrigiert werden kann, so wird man erkennen, daß diese Gleichung zu große Werte für das Drehmoment liefert. Man wird deshalb in Gl. (45) noch einen Erfahrungsfaktor einführen, der sich aus experimentellen Untersuchungen an ausgeführten Apparaten ergeben hat zu $k_l = 0{,}65$ bis $0{,}9$.

Der untere Wert entspricht sehr starken Spannungsfeldern und kommt praktisch selten vor. Als Mittelwert bei normalen Apparaten ergibt sich $k_l = 0{,}82$ bis $0{,}88$. Dadurch lautet nun die Drehmomentgleichung, wenn für

$$\frac{1}{16} \cdot \frac{1}{981} \cdot \delta_1 \cdot \lambda^2 \cdot \alpha_1 \cdot \varrho \cdot w \cdot \omega \cdot R_m = k_0;$$

$$z_r^2 = (\omega \cdot s \cdot l)^2 + (\alpha_1 \cdot \varrho \cdot w)^2;$$

$$z_l^2 = [\omega (2 - s) \cdot l]^2 + (\alpha_1 \cdot \varrho \cdot w)^2;$$

gesetzt wird:

$$\left. \begin{aligned} \vartheta = k_l \cdot k_0 &\left\{ [B_{1\,max}^2 + 2\,B_{2\,max}^2(1 - \cos 2\,\sigma_0)] \left(\frac{s}{z_r^2} - \frac{2-s}{z_l^2} \right) \right. \\ &\left. + 4 B_{1\,max} \cdot B_{2\,max} \left(\frac{s}{z_r^2} + \frac{2-s}{z_l^2} \right) \cos(\pm\gamma\pm\varphi) \sin\sigma_0 \right\} \text{cmgr} \end{aligned} \right\} \quad (46)$$

und schließlich für stillstehenden Rotor, also für $s = 1$

$$\vartheta = 4 \cdot k_l \cdot k_0' \cdot B_{1\,max} \cdot B_{2\,max} \cdot \frac{1}{z^2} \cos(\pm\gamma\pm\varphi) \sin\sigma_0 \; \text{cmgr} \quad . \quad (46\,a)$$

wobei jetzt

$$z^2 = (\omega \cdot l)^2 + (\alpha_1 \cdot \varrho \cdot w)^2$$

bedeutet.

Trotzdem diese Gleichungen unter einigen Vernachlässigungen abgeleitet wurden, so habe ich doch mehrfach Gelegenheit gehabt, an derartig ausgeführten Apparaten zu konstatieren, daß das berechnete und experimentell ermittelte Drehmoment gut übereinstimmen.

Würde man diese Drehmomentgleichung unter Voraussetzung selbstinduktionsfreier Strömung herleiten und außerdem den Faktor $\sin\sigma_0$ in etwas anderer Form einführen, so ließe sich leicht die Identität zwischen der Gl. (43a) und der von Rogowsky[1]) abgeleiteten Gleichung für ruhenden Rotor feststellen, wenn anstatt der Amplituden des Feldes die Kraftflüsse eingeführt werden.

---

[1]) Rogowski, E. u. M. 1911, Heft 45.

II. Schaltungen zur Erreichung der 90°-Phase.

In den früheren Abschnitten haben wir gesehen, daß zur Erzeugung eines Drehmomentes bei diesen Apparaten zwei oder mehrere Wechselfelder mit einer räumlichen und zeitlichen Phasenverschiebung gegeneinander erforderlich sind. Wir haben ferner bei den Grundgleichungen gesehen, daß bei zwei Wechselfeldern eine genaue 90°-Phase die günstigsten Resultate liefert, daß aber dieselbe nicht bei allen Betriebszuständen erhalten bleibt.

Im Laufe der Zeit sind nun eine Reihe, teilweise äußerst komplizierter Schaltungen erdacht worden, die diesen Bedingungen teilweise Genüge leisten. Außer dieser Bedingung der 90°-Phase kommt in der Praxis noch eine andere hinzu, nämlich die „geringen Eigenverbrauchs", die wohl für die Marktfähigkeit einer Type dieser Meßgeräte den wichtigsten Faktor darstellt. Es hat deshalb auch die Einfachheit der Mittel zur Erreichung der 90°-Phase einen weittragenden Einfluß auf die Selbstkosten dieser Meßgeräte, auf die schnelle und billige Ausführung von Reparaturen, und gewährt außerdem eine weit größere Sicherheit im Betriebe als komplizierte Schaltanordnungen.

Die Schaltungen ließen sich ihrem Charakter nach, wie Waltz[1]) gezeigt hat, in folgender Weise einteilen:

I. Gruppe: Schaltanordnungen, bei denen der wirksame Nebenschlußstrom auf 90°-Phase gegen die angeschlossene Spannung gebracht werden kann.

II. Gruppe: Schaltanordnungen, bei denen nur das wirksame Magnetfeld auf 90°-Phase gebracht wird.

---

[1]) E. Waltz, E. T. Z. 1905, S. 230.

Dabei hätten wir wieder zu unterscheiden:

a) Solche, bei denen der Nebenschlußmagnet notwendigerweise nur eine einzige Wicklung trägt, das Nebenschlußfeld also von einer einzigen Amperewindungszahl erregt wird und in der Zeit mehr oder weniger den Amperewindungsvektoren (MMK) nacheilend ist, wobei wieder:

1. der Nebenschlußstromkreis unverzweigt sein kann oder

2. der Nebenschlußstromkreis verzweigt ist.

b) Solche, bei denen der Nebenschlußmagnet notwendig zwei oder mehrere getrennte Wicklungen trägt, das Nebenschlußfeld also von der geometrischen Resultante zweier getrennter Amperewindungszahlen erregt wird und in der Zeit mehr oder weniger den Vektoren dieser Resultante nacheilt, wobei wieder

1. der Nebenschlußstromkreis unverzweigt sein kann (die zweite Wicklung ist dann eine Sekundärwicklung) oder

2. wobei der Nebenschlußstromkreis verzweigt ist.

Die Schaltungen der ersten Gruppe sind für Zähler von besonderer Wichtigkeit, während wohl die zweite

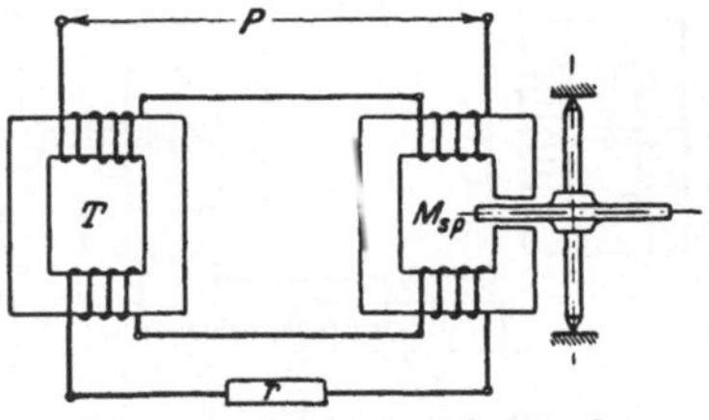

Fig. 16. Spannungskreis der Görnerschaltung:

Gruppe für direktzeigende Instrumente eine größere Bedeutung erlangt hat.

Eine Zusammenstellung der wichtigsten Schaltungen dieser Gruppen hat Waltz[1]) gegeben. Die folgenden Betrachtungen mögen jedoch nur auf zwei, für die späteren experimentellen Untersuchungen wichtigen Schaltungen ausgedehnt werden.

Die erste zu behandelnde Schaltung ist die von Görner angegebene und verdient hier besondere Aufmerksamkeit, da das Versuchsinstrument mit dieser Schaltung ausgerüstet war. Das Schema dieser Schaltung ist in Fig. 16 aufgezeichnet, und zwar in der allgemeinsten Form für Zähler.

Der Nebenschlußstrom passiert sowohl die Magnetwicklung als auch die Primärwicklung eines kleinen Transformators. Die Sekundärwicklung des Transformators ist über einen Wider-

---

stand mit einer auf dem Spannungsmagneten angebrachten Sekundärwicklung verbunden. Wir haben dabei zwei Fälle zu unterscheiden, nämlich:

1. Summenschaltung, d. h. wenn beide Wicklungen miteinander im gleichen Sinne vom Strome durchflossen werden, und

2. Differenzschaltung, d. h. wenn beide Wicklungen gegeneinander geschaltet sind. Beide Schaltungen führen zum gleichen Endresultat, jedoch ist die zweite praktisch günstiger. Diese Schaltung ist auch deshalb besonders interessant, weil sie unter den verschiedensten Verhältnissen doch 90⁰-Feldphase gestattet. Für die direktzeigenden Instrumente, besonders für Volt- und Amperemeter ist diese Schaltung in etwas abgeänderter Form auch anwendbar.

Die zweite Schaltung ist die von Hummel. Sie gehört der ersten Gruppe an und ist die einfachste aller mit Verzweigungen arbeitenden Schaltungen. In Fig. 17 ist dieselbe

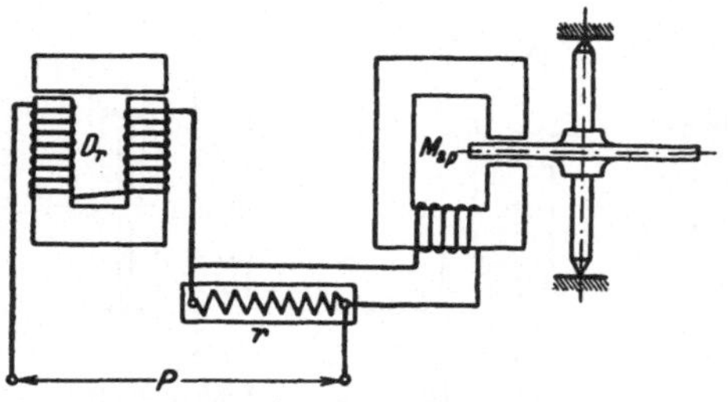

Fig. 17. Spannungskreis der Hummel-schaltung.

für den Spannungskreis eines Zählers aufgezeichnet. Der erst eine Drosselspule passierende Nebenschlußstrom wird durch einen parallel zum Nebenschlußmagnet gelegten und möglichst induktionsfreien und regulierbaren Widerstand in eine den Spannungsmagneten erregende, weit rückwärts verschobene Komponente und in eine vorwärts verschobene Komponente für den Widerstand zerlegt. Je nach der Güte der Vorschaltdrossel kann der den Spannungsmagneten erregende Teilstrom selbst über 90⁰ verschoben werden.

Außer diesen Schaltungen und den von Waltz[1] zusammengestellten kommen zumal noch einfachere Schaltungen in der Praxis zur Anwendung, nämlich indem das schon von Natur aus gegen die Klemmenspannung verschobene Spannungsfeld

---

[1] Waltz, l. c.

durch magnetische Nebenschlüsse vollends auf 90°-Phase gebracht wird oder durch besondere Anordnungen der Armatur sich sonst eine 90°-Phase erreichen läßt.

Mit diesen Schaltungen lassen sich nun die in den früher entwickelten Grundgleichungen vorkommenden Felder durch ihre Ströme bzw. ihre Spannungen ersetzen, wenn wir diese Schaltungen mathematisch verfolgen.

Da nun aber, je nach dem Verwendungszweck, diese Schaltungen entsprechend abgeändert werden, so wird es der besseren Übersicht halber nötig sein, diese Apparate noch nach ihrem besonderen Verwendungszweck in Gruppen einzuteilen.

Dann erhalten wir folgende Einteilung, nach der der Reihe nach die einzelnen Apparate behandelt werden sollen:

A. Direktzeigende Instrumente:
   1. Voltmeter und Isolationsprüfer.
   2. Amperemeter.
   3. Wattmeter.
   4. Phasenvergleicher.
B. Indirektzeigende Instrumente oder Zähler:
   1. Einphasenzähler.
   2. Mehrphasenzähler.

A. Direktzeigende Instrumente.

1. Voltmeter.

Es soll den folgenden Betrachtungen eine symmetrische Anordnung der Fig. 1 zugrunde gelegt werden, nach der auch das Versuchsinstrument ausgeführt war, und es möge sinusförmiger Strom und Spannung vorausgesetzt werden, da ja die meist praktisch vorkommenden Wechselströme als annähernd sinusförmig zu betrachten sind.

Da ferner für Voltmeter der dem Leistungsfaktor entsprechende Winkel φ fortfällt, so lautet in diesem Falle die Grundgleichung:

$$\vartheta = \frac{1}{2} \cdot \frac{1}{981} \cdot f_w \cdot \delta_1 \cdot \lambda^2 \cdot \frac{\alpha_1 \cdot \varrho \cdot w \cdot \omega \cdot R_m}{(\omega \cdot l)^2 + (\alpha_1 \cdot \varrho \cdot w)^2} \cdot B_{1\,max} \cdot B_{2\,max} \cdot \cos \gamma \ \text{cmgr.}$$

Beachten wir nun, daß die Induktionen $B_{1\,max}$ und $B_{2\,max}$, solange das Eisen nicht gesättigt ist, den sie erzeugenden Strömen proportional sind, so können wir schreiben:

$$B_{1\,max} = k_1 \cdot J_1{}^{1)} \cdot \sqrt{2} \cdot 10^{-1} \quad \text{und} \quad B_{2\,max} = h_2 \cdot J_2{}^{1)} \cdot \sqrt{2} \cdot 10^{-1}$$

abs. Einheiten, wenn J_1 und J_2 die Effektivwerte der Erregerströme und k_1 und k_2 Proportionalitätskonstante bedeuten. Dann ist:

$$\vartheta = \frac{1}{981} \cdot f_w \cdot \delta_1 \cdot \lambda^2 \cdot \frac{\alpha_1 \cdot \varrho \cdot w \cdot \omega \cdot R_m}{(\omega \cdot l)^2 + (\alpha_1 \cdot \varrho \cdot w)^2} \cdot k_1 \cdot k_2 \cdot J_1 \cdot J_1$$
$$\cdot \cos \gamma \cdot 10^{-2} \text{ cmgr} \quad \ldots \ldots \quad (47)$$

In dieser Gleichung hängen J_1, J_2 und $\cos \gamma$ nur von der Art der Schaltung ab, mit der die Verschiebung der Felder bzw. der Ströme erreicht wird.

Da das Versuchsinstrument mit einer Abänderung der ursprünglichen Görnerschaltung ausgerüstet ist, so möge auch den folgenden Betrachtungen eine solche zugrunde gelegt werden.

Das Schaltungsschema ist in Fig. 18 aufgezeichnet.

Der der Klemmenspannung proportionale Strom durchfließt sowohl die Hauptwicklung des Instrumentes als auch die Primärwicklung eines kleinen Transformators,

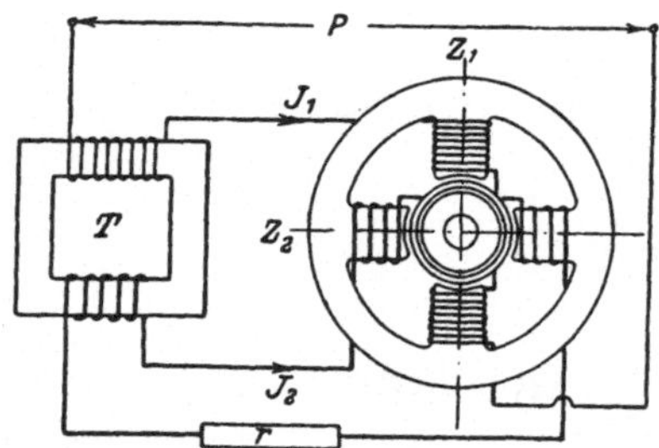

Fig. 18. Görnerschaltung für Voltmeter.

während dem die Sekundärwicklung desselben über einen induktionsfreien Widerstand mit der räumlich um 90⁰ versetzten Nebenschlußwicklung des Instrumentes verbunden ist.

Da wir ein Voltmeter betrachten, so müssen wir auch die Ströme J_1 und J_2 als Funktion der zu messenden Klemmenspannung P ausdrücken. Zu diesem Zwecke müssen wir aber vorerst eine Beziehung zwischen J_1 und J_2 kennen und stellen deshalb die Differentialgleichungen dieser beiden Stromkreise auf. Dieselben lauten:

---

[1]) In den folgenden Kapiteln bedeuten J Effektivwerte des Wechselstromes.

für den Primärkreis

$$p_1 = i_1 r_1 + L_1 \frac{di_1}{dt} + M \frac{di_2}{dt}$$

und für den Sekundärkreis $\quad\quad\quad\quad\quad\quad\quad\quad\quad$ . . . . (48)

$$0 = i_2 r_2 + L_2 \frac{di_2}{dt} + M \frac{di_1}{dt}$$

da demselben keinerlei äußere Spannungen zugeführt werden. Hierbei bedeuten:

$$r_2 = r_{2T} + r_{2J} + r$$
$$L_2 = L_{2T} + L_{2J}$$

und ebenso

$$r_1 = r_{1T} + r_{1J}$$
$$L_1 = L_{1T} + L_{1J}.$$

Wollten wir nun diese beiden Gleichungen nach den Regeln der Differential- und Integralrechnung lösen, so würden wir je eine Differentialgleichung zweiter Ordnung erhalten, deren Lösung nur durch Entwicklung in unendliche Reihen möglich ist.

Es soll deshalb von dieser umständlichen Rechnung Abstand genommen und an dessen Stelle eine bekannte Näherungsmethode verwendet werden [1]).

Gehen wir vom Primärstrom aus $i = \sqrt{2} \cdot J_1 \cdot \sin \omega t$, so wird, wenn wir mit γ_1 den Phasenverschiebungswinkel zwischen Primär- und Sekundärstrom bezeichnen, der Sekundärstrom ausgedrückt durch $i_2 = \sqrt{2} \cdot J_2 \cdot \sin(\omega t - \gamma_1)$. Setzen wir nun diese beiden Gleichungen der Ströme in die Differentialgleichung des Sekundärkreises ein, so wird:

$$r_2 \cdot J_2 \cdot \sin(\omega t - \gamma_1) + \omega \cdot L_2 \cdot J_2 \cos(\omega t - \gamma_1) + \omega \cdot M \cdot J_1 \cdot \cos \omega t = 0.$$

Diese Gleichung muß zu jeder Zeit gelten, also auch zur Zeit

$$\omega t = 0 \quad \text{und} \quad \omega t = 90^0.$$

Zur Zeit $\omega t = 0$ ist dann

$$\omega \cdot M \cdot J_1 = r_2 \cdot J_2 \cdot \sin \gamma_1 - \omega \cdot L_2 \cdot J_2 \cdot \cos \gamma_1$$

und zur Zeit $\omega t = 90^0$

$$0 = r_2 \cdot J_2 \cdot \cos \gamma_1 + J_2 \cdot L_2 \cdot \omega \cdot \sin \gamma_1$$

---

[1]) Siehe Benischke, Grundlagen der Elektrotechnik 1907, S. 209.

Durch Quadrieren und Addieren dieser beiden Gleichungen erhält man dann

$$\omega^2 \cdot M^2 \cdot J_1^2 = J_2^2 \left(r_2^2 + \omega^2 L_2^2 \right)$$

oder

$$\frac{J_2}{J_1} = \frac{\omega \cdot M}{\sqrt{r_2^2 + \omega^2 \cdot L_2^2}} \quad . \quad . \quad . \quad . \quad . \quad (49)$$

Aus der Gleichung für $\omega t = 90^0$ erhalten wir ferner noch die Phasenverschiebung von Primär- und Sekundärstrom aus

$$\mathrm{tg}\,\gamma_1 = -\,\frac{r_2}{\omega L_2} \quad . \quad . \quad . \quad . \quad . \quad . \quad (49\,\mathrm{a})$$

Darin erkennen wir, daß bei gegebener Wicklung und konstanter Periodenzahl die Phasenverschiebung zwischen Primär- und Sekundärstrom nur von den Konstanten des Sekundärkreises abhängig ist.

Mit der Differentialgleichung des Primärkreises verfahren wir in derselben Weise und erhalten die Gleichung:

$$P^2 = J_1^2 \left[\left(r_1 + \frac{M^2 \cdot \omega^2}{r_2^2 + \omega^2 L_2^2}\, r_2 \right)^2 + \omega^2 \left(L_1 - \frac{\omega^2 \cdot M^2}{r_2^2 + \omega^2 L_2^2}\, L_2 \right)^2 \right]$$
$$(50)$$

Setzen wir nun in dieser Gleichung

$$r_1 + \frac{\omega^2 \cdot M^2}{r_2^2 + \omega^2 L_2^2}\, r_2 = r_t \quad \text{und} \quad L_1 - \frac{\omega^2 \cdot M^2}{r_2^2 + \omega^2 L_2^2}\, L_2 = L_t \quad (50\,\mathrm{a})$$

so können wir schreiben

$$J_1 = \frac{P}{\sqrt{r_t^2 + \omega^2 \cdot L_t^2}} \quad . \quad . \quad . \quad . \quad . \quad (50\,\mathrm{b})$$

Aus dieser Gleichung ist also zu ersehen, daß die Sekundärströme eine Vergrößerung des Widerstandes und eine Verringerung der Selbstinduktion zur Folge haben.

Die Phasenverschiebung zwischen Klemmenspannung und Primärstrom ergibt sich noch aus:

$$\mathrm{tg}\,\varphi_1 = \frac{\omega \cdot L_t}{r_t} \quad . \quad . \quad . \quad . \quad . \quad . \quad (50\,\mathrm{c})$$

Da wir von vornherein eine symmetrische Anordnung vorausgesetzt haben und praktisch in diesem Falle die Pole beider Felder von gleicher Beschaffenheit sein werden, so dürfen wir erwarten, daß der kleine Verschiebungswinkel zwischen den Feldern und den sie erzeugenden Strömen — bedingt durch die Hysteresisverluste im Eisen — überall der gleiche ist.

Dann wird in diesem Falle die zeitliche Phasenverschiebung zwischen den Feldern auch gleich der der Ströme werden, so daß wir jetzt setzen können:

$$\gamma_1 = 90 + \gamma \quad \text{und} \quad \operatorname{tg}\gamma_1 = \operatorname{tg}(90 + \gamma) = -\operatorname{cotg}\gamma = -\frac{r_2}{\omega L_2}$$

oder aber

$$\cos\gamma = \frac{r_2}{\sqrt{r_2{}^2 + \omega^2 \cdot L_2{}^2}} \quad . \quad . \quad . \quad . \quad (51)$$

Setzen wir ferner die Werte der Gl. (49), (50) und (51) in unsere Drehmomentgleichung ein, so wird:

$$\vartheta = \frac{1}{981} \cdot f_w \cdot \delta_1 \cdot \lambda^2 \cdot \omega^2 \cdot R_m \frac{\alpha_1 \cdot \varrho \cdot w}{(\omega \cdot l)^2 + (\alpha_1 \cdot \varrho \cdot w)^2} \cdot$$
$$\cdot \frac{M \cdot r_2}{(r_2{}^2 + \omega^2 L_2)(r_t{}^2 + \omega^2 L_t{}^2)} \cdot k_1 \cdot k_2 \cdot P^2 \cdot 10^{-2} \ \text{cmgr} \quad (52)$$

Darin sind die elektrischen Größen in Volt, Ohm und Henry und der spezifische Widerstand ϱ in absolutem Maße einzuführen.

Aus dieser Gleichung ist ersichtlich, daß das Drehmoment proportional mit dem Quadrate der Spannung wächst und daß dasselbe außerdem in einer höheren Ordnung von der Periodenzahl abhängt [1]).

In Wirklichkeit wird jedoch diese quadratische Abhängigkeit von der Spannung nicht ganz erfüllt sein, da ja bekanntlich in Wechselstromkreisen, die Eisen enthalten, die verschiedenen Größen dieser Kreise auch etwas vom jeweiligen Strome abhängen. Wie weit sich dieser Einfluß geltend macht, soll später im experimentellen Teil dieser Arbeit untersucht werden.

Für die elektrischen Größen dieser Gleichung können wir nun ein Diagramm entwerfen, Fig. 19.

Gehen wir von einer bestimmten Betriebsspannung P aus,

---

[1]) Eine ähnliche Beziehung hat auch Görner, Helios 1911, Heft 20 gefunden. Darin sind aber wichtige Glieder weggelassen und außerdem der Einfluß der Rotorgrößen nicht ersichtlich. Zum Beispiel fehlt M vollständig, das nicht zu vernachlässigen ist, da sich darin die Streuverhältnisse im Transformator bemerkbar machen.

so wird in der Primärwicklung des Transformators und des
Instrumentes ein Strom J_1 fließen, der im Transformator ein
Feld B_{T_1} und im Instrument ein solches B_1 erzeugt. Diese
Felder werden dem sie erzeugenden Strome J_1 — infolge
Hysteresisarbeit im Eisen — um einen kleinen Winkel α nach-
eilen, der der Voraussetzung gemäß überall gleich groß sein möge.

Diese beiden Felder induzieren nun in der Primärwicklung
des Instruments eine EMK E_1 und in der des Transformators
eine EMK E_{T_1} und ferner in der Sekundärwicklung des Transformators eine EMK E_{2T}. Dieser EMK E_{2T} zufolge fließt im
Sekundärkreis ein Strom J_2, der von der Impedanz dieses
Kreises abhängt.

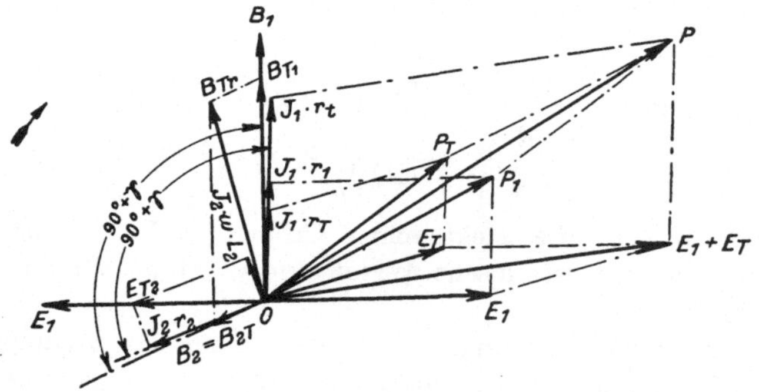

Fig. 19. Feld- und Spannungsdiagramme.

Schlagen wir noch über den Vektor der EMK E_{T_2} einen
Kreis, tragen von deren Endpunkt O aus die gesamte Reaktanzspannung des Sekundärkreises $J_2\,\omega\cdot L_2$ auf, so gibt uns $\overline{OB}$
die Widerstandsspannung des Sekundärkreises $J_2\,(r_{2T} + r_{2J} + r)$
und somit auch die Richtung des Sekundärstromes J_2 an, da

$$\operatorname{tg}\psi_2 = \frac{\omega L_2}{r_2}$$ ist. Gegen diesen Strom J_2, verzögert um den
Hysteresiswinkel α, erzeugt er im Transformator ein Feld B_{T_2}
und im Instrument ein solches B_2, die im Diagramm der Einfachheit halber gleich groß angenommen wurden. Aus diesen
beiden Transformatorfeldern ergibt sich dann das resultierende
Transformatorfeld B_{T_r}. Nun kann auch die resultierende
Klemmenspannung konstruiert werden. Das resultierende Transformatorfeld induziert in der Primärwicklung eine EMK E_{T_1}.

die um 90^{0} gegen das Feld verzögert ist und zu deren Kompensierung von außen eine ebenso große EMK aufgebracht werden muß, welche im Diagramm um 180^{0} gedreht erscheint. Aus dieser EMK E_T und derjenigen E_1 ergibt sich dann als geometrische Summe beider die gesamte Selbstinduktionsspannung E des Primärkreises.

Ist ferner noch die gesamte Widerstandsspannung des Primärkreises $J_1\,(r_{T_1} + r_{J_1})$, so ergibt sich die Klemmenspannung als geometrische Summe beider.

Aus den einzelnen Komponenten der Widerstandsspannung und derjenigen der EMKe E_T und E_1 ergeben sich dann noch die einzelnen Teilspannungen am Transformator und am Instrument.

Wie aus dem Diagramm ersichtlich ist, wird bei dieser Schaltung der Phasenverschiebungswinkel zwischen den beiden Arbeitsfeldern immer größer als 90^{0} sein. Dieser Umstand zwingt uns, dem Sekundärkreis eine sehr kleine Reaktanz zu geben, um die Phasendifferenz der Felder sehr nahe auf 90^{0} zu bringen. Dadurch wird bei kleinem Eigenverbrauch der Schaltung das Sekundärfeld beträchtlich kleiner als das Primärfeld werden, so daß wir eine ungünstige Stromverteilung im Rotor erhalten. Wie wir jedoch früher gesehen haben, kann eine ungleichmäßige Stromverteilung im Rotor zu unkontrollierbaren Fehlern Anlaß geben, und es wird deshalb zweckmäßig sein, beide Arbeitsfelder bei Volt- und Amperemetern auf gleiche Größe zu bringen. Dies ist jedoch bei dieser Schaltung und in dieser Form nur auf Kosten der Phasenverschiebung der Felder und auf Kosten des Eigenverbrauches der Schaltung möglich. Nun gibt es dennoch zwei bekannte Mittel, um bei gleich großen Arbeitsfeldern die Phasenverschiebung derselben auf 90^{0} zu bringen.

Schalten wir nämlich in den Sekundärkreis einen kleinen Kondensator ein, dessen Kapazitätsreaktanz größer ist als die gesamte Reaktanz des Sekundärkreises, so wird der Sekundärstrom der EMK E_{2T} nicht mehr nach- sondern voreilen, so daß durch geeignete Abgleichung dennoch eine 90^{0}-Phase erreicht würde. Praktisch wird sich jedoch diese Methode nicht ohne Bedenken anwenden lassen, denn erstens ist es eine unbequeme Sache, in einem derartigen Instrument einen Kondensator mitzuführen, wenn er auch sehr klein würde, und zweitens ist nicht zu vergessen, daß dadurch die Oberströme weit kräftiger zur Wirkung kommen, die eventuell die günstige Wirkung der 90°-Phase in Frage stellen würden.

Für die Praxis weit wichtiger ist das zweite Verfahren, bei dem wir einfach auf den Sekundärpolen eine zweite vom Primärstrom durchflossene Wicklung mit wenig Windungen anbringen, die so abgeglichen wird, daß die Resultante aus diesem Feld und dem Sekundärfeld genau auf 90°-Phase kommt. Bei dieser Anordnung wird es außerdem noch möglich sein, den Eigenverbrauch der Schaltung zu reduzieren, da bei Gleichheit beider Felder ihre absolute Größe bei gleichem Drehmoment kleiner wird.

2. Amperemeter.

Dieselbe Anordnung wie für Voltmeter läßt sich auch als Amperemeter mit Görnerschaltung ausführen, wenn wir die Wicklungsverhältnisse dem Arbeitsbereich entsprechend ändern. Ein prinzipieller Unterschied zwischen Volt- und Amperemeter ist also nicht vorhanden, wohl aber in der Abhängigkeit von der Spannung bzw. vom Strom und der Periodenzahl.

Wird wie früher der Sekundärstrom ausgedrückt durch:

$$J_2 = \frac{\omega \cdot M}{\sqrt{r_2{}^2 + \omega^2 \cdot L_2{}^2}} \cdot J_1$$

und die Phasenverschiebung der Felder bzw. der Ströme durch:

$$\cos \gamma = \frac{r_2}{\sqrt{r_2{}^2 + \omega^2 \cdot L_2{}^2}},$$

so erhalten wir in Gl. (47) eingesetzt die Drehmomentgleichung eines Amperemeters zu:

$$\vartheta = \frac{1}{981} \cdot f_w \cdot \delta_1 \cdot \lambda^2 \cdot R_m \frac{\alpha_1 \cdot \varrho \cdot w}{(\omega \cdot l)^2 + (\alpha_1 \varrho w)^2}$$

$$\frac{\omega^2 \cdot M \cdot r_2}{r_2{}^2 + \omega^2 \cdot L_2{}^2} \cdot k_1 \cdot k_2 \cdot J_1{}^2 \cdot 10^{-2} \ \text{cmgr} \quad \ldots \quad (53)$$

Daraus ersehen wir, daß die Abhängigkeit vom Strome wieder quadratischer Natur ist, daß dagegen eine andere Abhängigkeit von der Periodenzahl besteht wie beim Voltmeter.

Im übrigen gilt auch hier das bei Voltmetern Bemerkte und ist deshalb nicht mehr nötig, ein Diagramm zu entwerfen, da es dem in Fig. 19 entworfenen sehr ähnlich sein wird.

Was die Wicklungsverhältnisse anbetrifft, so sind dieselben im allgemeinen gerade umgekehrt wie beim Voltmeter, so nämlich, daß die Primärwicklung wenig Windungen und wenig Reaktanz erhält, währenddem bei der Sekundärwicklung gerade das Umgekehrte der Fall ist. Dadurch aber wird es eher nötig sein, auf den Sekundärpolen eine Hilfswicklung in Gegenschaltung anzuordnen, wodurch auch leicht die gewünschte Phasenlage der Felder erreicht wird.

3. Wattmeter.

Bei Wattmetern liegen nun freilich die Verhältnisse nicht so einfach wie bei Volt- und Amperemetern.

Wir wissen, daß in einem Wechselstromkreise die zugeführte Leistung gemessen wird als Produkt von Spannung, Strom und Leistungsfaktor, also

$$W = P \cdot J \cdot \cos \varphi.$$

Man wird deshalb leicht einsehen, daß die vorher erwähnte Schaltung in dieser Form für Volt- und Amperemeter, für Wattmeter nicht mehr anwendbar ist. Wir werden deshalb wieder zur ursprünglichen Schaltung zurückkehren, wie sie in Fig. 16 skizziert ist.

Beachten wir, daß die gemessene Leistung gleich dem Produkt aus Spannung, Strom und Leistungsfaktor ist, so erhalten wir ganz allgemein für alle Schaltungen der Wattmeter die Forderung, daß das Spannungsfeld auf 90°-Phase mit der angeschlossenen Spannung gebracht werden muß. Dieser Forderung kann auch mit der ursprünglichen Görnerschaltung entsprochen werden. Es soll deshalb, bevor wir zur Herleitung der Drehmomentgleichung übergehen, diese Schaltung eines solchen Wattmeters (Fig. 20) in einem Diagramm etwas näher behandelt werden.

Wir haben früher gesehen, daß wir bei dieser Schaltung zwei Fälle zu unterscheiden haben, nämlich, ob die beiden Wicklungen des Spannungsmagneten miteinander oder gegeneinander geschaltet sind.

Im folgenden Diagramm soll jedoch der Einfachheit halber nur der zweite Fall, nämlich Gegenschaltung der Spannungswicklungen behandelt werden, da diese zu praktisch günstigeren Resultaten führt.

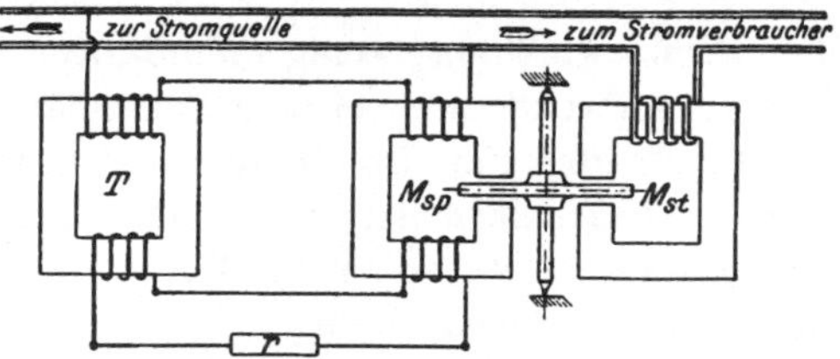

Fig. 20. Görnerschaltung eines Wattmeters.

Gehen wir im Diagramm (Fig. 21) von einer bestimmten Betriebsspannung aus, so wird dieser zufolge in den Primärwicklungen des Transformators und des Spannungsmagneten ein Strom J_1 fließen, der der Spannung P um einen Winkel φ_1 nacheilen möge. Dieser Strom J_1 erzeugt im Transformator ein Feld B_{T_1} und im Spannungsmagnet ein solches B_{P_1}, die

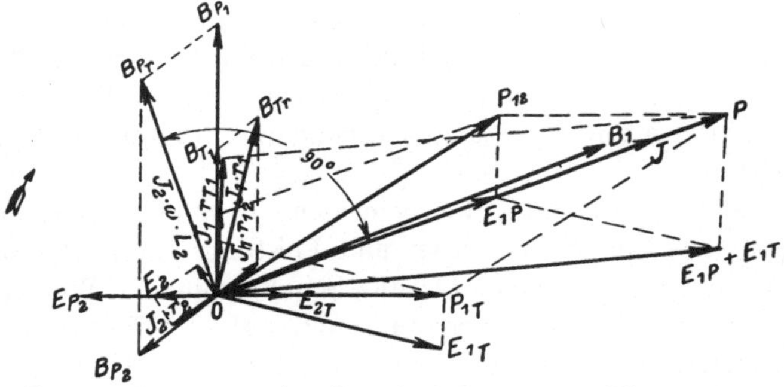

Fig. 21. Diagramm der Görnerschaltung eines Wattmeters.

wieder um den überall gleichen Hysteresiswinkel α gegen den Strom J_1 verzögert sein mögen. Diese Felder B_{T_1} und B_{P_1} erzeugen nun in den Sekundärwicklungen elektromotorische Kräfte E_{T_2} und E_{P_2}, die aber im Diagramm um 180⁰ gegeneinander versetzt eingezeichnet werden müssen, weil Differenzschaltung vorausgesetzt war, und ergeben dann die resultierende treibende Spannung E_2 im Sekundärkreis. Diese Triebspannung erzeugt im Sekundärkreis einen Strom J_2, der im Transformator ein Feld B_{T_2} und im Spannungsmagnet ein Feld B_{P_2} hervorruft, die in den Sekundärwicklungen Selbstinduktionsspannungen $J_2\,\omega\cdot L_{2T}$ und $J_2\,\omega\cdot L_{P_2}$ hervorrufen.

Um diese Gegenspannungen zu überwinden, muß von der Triebspannung E_2 eine Komponente $J_2\cdot\omega L_2 = J_2\omega\,(L_{T_2}+L_{P_2})$ aufgewendet werden, die mit dem Ohmschen Verlust des Sekundärkreises $J_2\,(r_{2T}+r_{P_2}+r)$ zusammen die Triebspannung E_2 ergeben. Der Sekundärstrom wird deshalb um einen beträchtlichen Winkel ψ_2 gegen E_2 verschoben und ebenso die Felder B_{T_2} und B_{P_2} um den Hysteresiswinkel α gegen J_2 verschoben sein. Das resultierende Feld B_{2r} des Spannungsmagneten ergibt sich nun aus der geometrischen Zusammensetzung von B_{2P} und B_{1P} und ebenso das resultierende Transformatorfeld B_{Tr} aus B_{2T} und B_{1T}. Senkrecht auf diesen resultierenden Feldern, also um 90^0 gegen sie verzögert stehen die primären Selbstinduktionsspannungen, und um diese zu überwinden, müssen die Spannungen E_{T_1} und E_{P_1} aufgebracht werden. Diese Spannungen setzen sich geometrisch zur Spannung $E_{T_1}+E_{P_1}$ zusammen, die mit dem Ohmschen Verlust $J_1\cdot r_1$ die Gesamtspannung P ergeben, welche, wie aus dem Diagramm ersichtlich ist, dem resultierenden Spannungsfeld B_{Pr} um 90^0 voreilt.

Diese 90^0-Phase wird annähernd bei allen Spannungen erhalten bleiben, wenn wir die kleine Abhängigkeit der Wechselstromkonstanten vom jeweiligen Strom vernachlässigen.

Für die Summenschaltung würden wir ein ähnliches Diagramm erhalten, müßten aber dann die Spannungen E_{P_2} und E_{T_2}, sowie die Felder B_{P_2} und B_{T_2} als gleichphasig eintragen. Dabei würden wir aber erkennen, daß bezüglich der Größe des Eigenverbrauches und der Größe des resultierenden Spannungsfeldes die Differenzschaltung weit vorteilhafter ist als die Summenschaltung.

Nachdem wir nun gesehen haben, daß bei zweckmäßiger Wahl der Wicklungen bei dieser Schaltung die angeschlossene Spannung auf 90^0-Phase gegen das Spannungsfeld gebracht werden kann, so wollen wir jetzt sehen, wie sich die Drehmomentgleichung gestalten wird.

Wir gehen wieder von der Grundgleichung für direkt zeigende Instrumente aus und setzen für das Stromfeld

$$B_{2\,max} = k \cdot J \cdot \sqrt{2} \cdot 10^{-1}.$$

Das Spannungsfeld setzt sich nach Diagramm 21 zusammen aus zwei Feldern $B_{1\,P}$ und B_{P_2}, die einen Winkel von $(90 + \psi_2 + \alpha)^0$ miteinander bilden.

Daher können wir für das Spannungsfeld schreiben

$$B_{P_r} = \sqrt{B_{P_1}^2 + B_{P_2}^2 + 2\,B_{P_1} \cdot B_{P_2} \cos(90 + \psi_2 + \alpha)}.$$

Hierin können wir setzen

$$B_{P_1} = k_1 \cdot J_1 \cdot \sqrt{2} \cdot 10^{-1}$$

B_{P_2} ist aus zwei Strömen entstanden zu denken, nämlich aus

$$J_2 + J_{T_2} - J_{P_2},$$

wenn wir voraussetzen, daß

$$J_{T_2} > J_{P_2}$$

ist, daher

$$B_{P_2} = J_2 \cdot k_2 \cdot \sqrt{2} \cdot 10^{-1}.$$

Daher lautet nun der Ausdruck für B_{P_r}:

$$B_{P_r} = \sqrt{(k_1 \cdot J_1 \cdot \sqrt{2} \cdot 10^{-1})^2 + (J_2 \cdot k_2 \cdot \sqrt{2} \cdot 10^{-1})^2 + 4\,k_1 \cdot k_1 \cdot J_1 \cdot J_2 \cdot \cos(90 + \psi_2 + \alpha)\,10^{-2}}.$$

Setzen wir noch voraus, daß der Hysteresiswinkel α sowohl beim Transformator als auch beim Spannungs- und Strommagneten überall von gleicher Größe ist, was ja in Wirklichkeit ohne großen Fehler gestattet sein wird, so können wir den Sekundärstrom, erzeugt vom Transformator, ausdrücken durch:

$$J_{2T_2} = \frac{\omega \cdot M_T}{\sqrt{r_2{}^2 + \omega^2 \cdot L_2{}^2}} \cdot J_1,$$

und denjenigen, erzeugt durch die Primärwicklung des Instruments, durch:

$$J_{2P} = \frac{\omega \cdot M_P}{\sqrt{r_2{}^2 + \omega^2 \cdot L_2{}^2}} \cdot J_1,$$

so daß wir jetzt den Sekundärstrom J_2 erhalten:

$$J_2 = J_{T_2} - J_{P_2} = \frac{\omega \, (M_T - M_P)}{\sqrt{r_2^2 + \omega^2 L_2^2}} J_1$$

oder nun das resultierende Spannungsfeld:
$$B_{P_r} \simeq J_1 \cdot 10^{-1}$$

$$\sqrt{2 k_1^2 + 2 k_2^2 \cdot \frac{\omega^2 (M_T - M_P)^2}{r_2^2 + \omega^2 \cdot L_2^2} - 4 k_1 \cdot k_2 \cdot \frac{\omega L_2}{r_2^2 + \omega^2 L_2^2}}$$
$$\simeq J_1 \cdot k_3 \cdot 10^{-1} \quad \ldots \ldots \ldots \quad (54)$$

wenn der kleine Winkel α vernachlässigt wird und k_3 den Wurzelausdruck bedeutet.

Damit wird jetzt die Drehmomentgleichung:

$$\vartheta = \frac{1}{981} \cdot \frac{\sqrt{2}}{2} \cdot \delta_1 \cdot f_w \cdot \lambda^2 \cdot \omega \cdot R_m \frac{\alpha_1 \cdot \varrho \cdot w}{(\omega l)^2 + (\alpha_1 \cdot \varrho \cdot w)^2}$$
$$\cdot k \cdot k_3 \cdot J_1 \cdot J \cdot 10^{-2} \cdot \cos \left(\pm \gamma \pm \varphi \right) \text{ cmgr}$$

oder in dem wir jetzt für J_1 noch die Klemmenspannung einführen, so wird:

$$\vartheta = \frac{1}{981} \cdot \frac{\sqrt{2}}{2} \cdot \delta_1 \cdot f_w \cdot \lambda^2 \cdot \omega \cdot R_m \frac{\alpha_1 \cdot \varrho \cdot w}{(\omega l)^2 + (\alpha_1 \cdot \varrho \cdot w)^2}$$
$$\cdot \frac{k \cdot k_3}{\sqrt{r_t^2 + \omega^2 L_t^2}} \cdot 10^{-2} \cdot P \cdot J \cdot \cos \left(\alpha \pm \varphi \right) \quad \ldots \quad (51)$$

da bei genauer 90^0-Phase γ identisch mit dem Hysteresiswinkel α ist. Beachten wir nun in dieser Gleichung, daß k_3 beträchtlich von der Periodenzahl abhängt und außerdem die Periodenzahl im Zähler und Nenner vorkommt, so wird man leicht erkennen, daß diese Schaltung beträchtlich von der Periodenzahl abhängt.

Diese Empfindlichkeit gegen Periodenschwankungen ist es gerade, die diese Görnerschaltung für Wattmeter und Zähler praktisch nicht mit Vorteil verwenden ließ, da außerdem ihre Herstellung teuer ist.

Wir wollen deshalb noch eine einfachere Schaltung für Wattmeter untersuchen und sehen, wie sich dann die Verhältnisse gestalten.

Am Eingang dieses Kapitels haben wir als zweite die Hummelschaltung angeführt, wie sie in Fig. 17 für den Spannungskreis eines Zählers oder Wattmeters aufgezeichnet ist.

Für diese Schaltung liegen nun die Verhältnisse etwas günstiger und auch das Diagramm wird sich äußerst einfach gestalten (Fig. 22).

Gehen wir von der Betriebsspannung P aus, so wird der gesamte vom Spannungskreis aus dem Netz entnommene Strom J_1 um einen Winkel φ_1, der von der Güte der Drossel und der Größe des Widerstandes r abhängt, gegen die Klemmenspannung verschoben sein.

Da aber der Erregerstrom des Spannungsmagneten an den Klemmen des induktionsfreien Vorschaltwiderstandes entnommen wird, so wird sich der gesamte Strom J_{2r} aus zwei Kom-

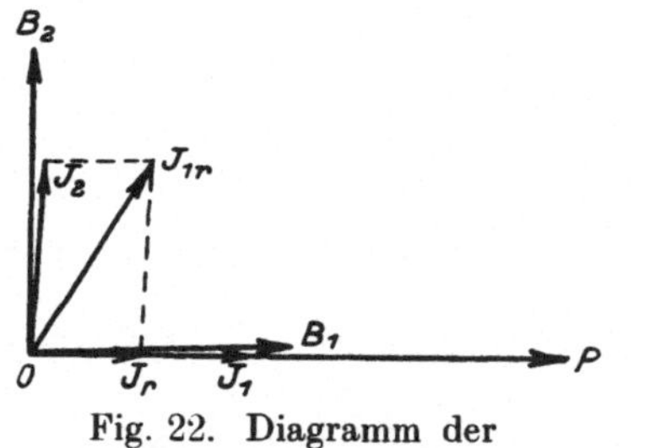

Fig. 22. Diagramm der Hummelschaltung.

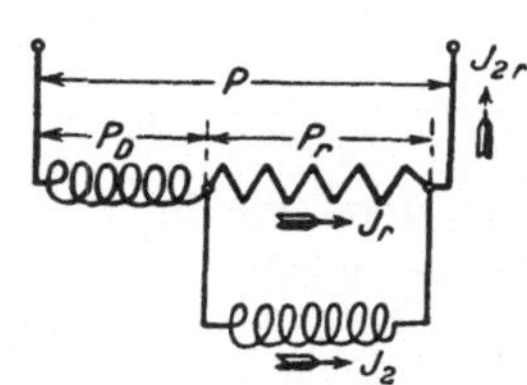

Fig. 23. Ersatzschaltung Hummelschaltung.

ponenten zusammensetzen, nämlich aus dem Strom J_r, der den Widerstand durchfließt, und dem Strom J_2, der den Spannungsmagneten erregt. Der Strom J_r wird in Phase sein mit der Klemmenspannung (Netzspannung), da wir induktionsfreien Widerstand vorausgesetzt haben, während J_2 von der Impedanz der Spannungsspule abhängt. Mit dieser Hummelschaltung wird es je nach der Güte der Versuchsdrossel möglich sein, das Sekundärfeld weit über 90⁰ gegen die Klemmenspannung zu verschieben. Zur rechnerischen Verfolgung dieser Schaltung soll die symbolische Schreibweise benutzt werden und zur besseren Übersicht sei in Fig. 23 die Ersatzschaltung des Spannungskreises nochmals aufgezeichnet.

Bezeichnet nun $\mathfrak{P}$ die Klemmenspannung, $\mathfrak{J}_{2r}$ den gesamten aus dem Netz entnommenen Strom und $\mathfrak{Z}_t$ die totale Impedanz des Spannungskreises, so kann für den Strom und die Spannung geschrieben werden:

$$\mathfrak{P} = \mathfrak{J}_{2r} \cdot \mathfrak{Z}_t, \quad \text{wobei } \mathfrak{J}_{2r} = \mathfrak{J}_r + \mathfrak{J}_2.$$

Die totale Impedanz $\mathfrak{Z}_t$ setzt sich zusammen aus der Impedanz der Drossel $\mathfrak{Z}_D$ und derjenigen der Parallelschaltung $\mathfrak{Z}_p$. Die Impedanz der Parallelschaltung wird:

$$\mathfrak{Z}_p = \frac{1}{\mathfrak{Y}_r} + \frac{1}{\mathfrak{Y}_2} = \frac{1}{\dfrac{1}{r} + \dfrac{1}{\mathfrak{Z}_2}} = \frac{r \cdot \mathfrak{Z}_2}{r + \mathfrak{Z}_2}.$$

Damit wird die totale Impedanz

$$\mathfrak{Z}_t = \mathfrak{Z}_D + \mathfrak{Z}_p = \mathfrak{Z}_D + \frac{r \cdot \mathfrak{Z}_2}{r + \mathfrak{Z}_2}$$

$$= \frac{(r_D - j x_D)(r + r_2 - j x_2) + r(r_2 - j x_2)}{r + r_2 - j x_2}.$$

Ist nun noch die Spannung am Widerstand:

$$\mathfrak{P}_r = \mathfrak{J}_r \cdot r = \mathfrak{J}_2 \cdot \mathfrak{Z}_2,$$

so wird

$$\mathfrak{J}_r = \frac{\mathfrak{J}_2 \cdot \mathfrak{Z}_2}{r}.$$

Damit kann der gesamte Strom ausgedrückt werden durch:

$$\mathfrak{J}_{2r} = \mathfrak{J}_r + \mathfrak{J}_2 = \mathfrak{J}_2 \left(1 + \frac{\mathfrak{Z}_2}{r}\right) = \frac{r + r_2 - j x_2}{r} \cdot \mathfrak{J}_2,$$

und die Klemmenspannung wird nun:

$$\mathfrak{P} = \mathfrak{J}_{2r} \cdot \mathfrak{Z}_t = \frac{(r_D - j x_D)(r + r_2 - j x_2) + r(r_2 - j x_2)}{r} \cdot \mathfrak{J}_2.$$

Setzen wir in dieser Gleichung:

$$\mathfrak{Z}' = \frac{(r_D - j x_D)(r + r_2 - j x_2) + r(r_2 - j x_2)}{r}$$

und trennen darin die reellen und imaginären Glieder, so wird:

$$x' = x_2 + \frac{x_D(r + r_2) + r_D \cdot x_2}{r} \quad \text{und} \quad r' = r_2 + \frac{r_D(r + r_2) - x_2 \cdot x_D}{r}.$$

Damit wird der absolute Betrag von $\mathfrak{Z}'$:

$$z' = \sqrt{\left(r_2 + \frac{r_D(r + r_2) - x_2 \cdot x_D}{r}\right)^2 + \left(x_2 + \frac{x_D(r + r_2) + x_D \cdot x_2}{r}\right)^2}$$

und die Klemmenspannung

$$P = J_2 \cdot z' \tag{56}$$

Damit kann nun wie früher die Drehmomentgleichung geschrieben werden:

$$\vartheta = \frac{1}{981} \cdot f_w \cdot \delta_1 \cdot \lambda^2 \cdot \omega \cdot R_m \frac{\alpha_1 \cdot \varrho \cdot w \cdot k_1 \cdot k_2 \cdot 10^{-2}}{[(\omega l)^2 + (\alpha_1 \cdot \varrho \cdot w)^2] z'}$$
$$\cdot P \cdot J \cdot \cos(\alpha \pm \varphi) \ \text{cmgr} \quad . \quad . \quad . \quad . \quad . \quad (57)$$

wenn die Klemmenspannung auf 90⁰-Phase mit dem Spannungsfeld· abgeglichen ist und α den Hysteresiswinkel bedeutet.

Darin erkennen wir, daß bei dieser Schaltung der Einfluß der Periodenzahl beträchtlich geringer geworden ist und man diese ihrer Einfachheit wegen praktisch vorziehen wird.

Zur Gl. (57) ist noch zu bemerken, daß α etwas vom jeweiligen Strom abhängt und außerdem bei induktiver Belastung sich der Einfluß der ungleichmäßigen Stromverteilung im Rotor um so mehr geltend macht, je mehr sich φ von Null entfernt. Dieser letztere Einfluß ist zwar aus den abgeleiteten Gleichungen nicht ersichtlich, da wir gleichmäßige Stromverteilung vorausgesetzt haben. Würde man aber Gleichungen unter Berücksichtigung dieser ungleichen Stromverteilung herleiten, so würde man finden, daß darin auch Glieder mit $\sin \varphi$ vorkommen, die aber im allgemeinen sich erst bei sehr großem φ fühlbar machen und deshalb für die Praxis meist zu vernachlässigen sind.

4. Phasenvergleicher.

Bei dieser Kategorie von Ferrarismeßgeräten wird es wohl überflüssig sein, spezielle Drehmomentgleichungen abzuleiten, da das ausgeübte Drehmoment nur als Zeichen der Phasenungleichheit zweier Wechselstromkreise dient.

Man wird diesen Instrumenten deshalb zwei getrennte Wicklungen geben, die für die Spannungen dieser zu vergleichenden Stromkreise dimensioniert sind und außerdem wird der Nullpunkt in die Mitte der Skala verlegt werden, da die Ausschläge auf beide Seiten erfolgen. Sind die beiden Stromkreise in Phase, so wird kein Drehmoment entstehen können und also der Zeiger in Ruhe bleiben.

Diese Apparate werden ihrer Einfachheit wegen zur Synchronisierung in Wechselstromzentralen hervorragende Dienste leisten.

B. Indirekt zeigende Apparate und Zähler.

Da diese Kategorie von Apparaten sich von denjenigen der Wattmeter nur dadurch unterscheidet, daß bei diesen der Rotor in dauernde Rotation versetzt wird, so werden die Schaltungen für Wattmeter auch für Zähler anwendbar sein, so daß sich nur die Endgleichungen ändern werden.

Wir werden uns im folgenden nur auf Einphasenzähler beschränken, da die Mehrphasenzähler im allgemeinen nach ähnlichen Gleichungen arbeiten, und setzen wieder symmetrische Anordnung der Pole und sinusförmige Felder voraus. Die 90^{0}-Phase zwischen Klemmenspannung und Spannungsfeld möge durch die Hummelschaltung erreicht werden. Die Grundgleichung für das Drehmoment einer symmetrischen Anordnung bei sinusförmigen Feldern war:

$$\vartheta = \frac{1}{8} \cdot \frac{1}{981} \cdot f_w \cdot \delta_1 \cdot \lambda^2 \cdot \omega \cdot R_m \cdot \alpha_1 \cdot \varrho \cdot w \left[(B_{1\,max}^2 + B_{2\,max}^2) \left(\frac{s}{z_r^{\,2}} - \frac{2-s}{z_l^{\,2}} \right) \right.$$

$$\left. + 2 B_{1\,max} \cdot B_{2\,max} \left(\frac{s}{z_r^{\,2}} + \frac{2-s}{z_l^{\,2}} \right) \cos (\gamma \pm \varphi) \right] \text{cmgr.}$$

Setzen wir in dieser Gleichung für $B_{1\,max}$ und $B_{2\,max}$ die entsprechenden Werte der Hummelschaltung ein, so wird, wenn für den Ausdruck vor der Klammer zur Abkürzung k_1 gesetzt wird:

$$\vartheta = k_1 \left[\left(2 k^2 \cdot J^2 \cdot 10^{-2} + 2 k_2^{\,2} \frac{P^2}{z'^2} \cdot 10^{-2} \right) \left(\frac{s}{z_r^{\,2}} - \frac{2-s}{z_l^{\,2}} \right) \right.$$

$$\left. + \frac{4}{z'} k \cdot k_2 \cdot J \cdot P \cdot 10^{-2} \left(\frac{s}{z_r^{\,2}} + \frac{2-s}{z_l^{\,2}} \right) \cos (\gamma \pm \varphi) \right]$$

oder

$$\vartheta = 2 \cdot k_1 \cdot 10^{-2} \left[\left(k^2 \cdot J^2 + k_2^{\,2} \cdot \frac{P^2}{z'^2} \right) \left(\frac{s}{z_r^{\,2}} - \frac{2-s}{z_l^{\,2}} \right) \right.$$

$$\left. + \frac{2 \cdot k \cdot k_2}{z'} \left(\frac{s}{z_r^{\,2}} + \frac{2-s}{z_l^{\,2}} \right) J \cdot P \cdot \cos (\alpha \pm \varphi) \right] \text{cmgr} \quad . \quad . \quad (58)$$

wobei α wieder den Hysteresiswinkel bedeutet, wenn der Zähler auf 90^{0}-Phase abgeglichen ist.

Würden wir in dieser Gl. (58) s durch $\dfrac{\omega - \omega_2}{\omega}$ oder durch $\dfrac{n - n_2}{n}$ ersetzen, wobei n die synchrone und n_2 die wirkliche

Rotortourenzahl bedeutet, so würden wir sehen, daß zwischen dem Drehmoment und der Rotortourenzahl keine lineare Beziehung besteht, wie es früher von andern Autoren ganz allgemein angenommen wurde[1]. Dadurch wird sich die Tourenzahl des Rotors als Funktion der Belastung im recktwinkligen Koordinatensystem aufgetragen nicht als gerade Linie, sondern als Kurve höheren Grades darstellen lassen. Daher kommt es auch, daß ein derartiger Apparat in dieser Form zur Messung der abgegebenen Energie nicht zu gebrauchen ist, da ja die Proportionalität zwischen dem Drehmoment und der abgegebenen Leistung gestört wird und der Zähler mit wachsender Belastung zu wenig anzeigen würde.

Um dennoch dieses Prinzip zu Zählern verwenden zu können, wird man auf eine separate Scheibe oder unmittelbar auf den Zylinder selbst Bremsmagnete wirken lassen, so daß die Rotorgeschwindigkeit sich nur in ganz kleinen Grenzen bewegen kann, und dadurch die bremsende Wirkung des ersten Gliedes der Gl. (58) gegenüber der Bremskraft der Stahlmagnete verschwindet. Setzen wir deshalb sehr kleine Rotorgeschwindigkeit voraus, so wird sich $s = \dfrac{\omega - \omega_2}{\omega}$ sehr wenig von $2 - s = \dfrac{\omega + \omega_2}{\omega}$ unterscheiden, so daß wir in diesem Falle als Näherungswert $z_r \simeq z_e$ setzen können. Dann geht unsere Gl. (58) über in

$$\vartheta \simeq k_1' \cdot \frac{10^{-2}}{z^2}\left[- \left(k^2 \cdot J^2 + k_2{}^2 \cdot \frac{P^2}{z'^2}\right) \omega_2 \right.$$
$$\left. + \frac{2 \cdot k \cdot k_2}{z'}\, \omega \cdot J \cdot P \cdot \cos\left(\alpha \pm \varphi\right)\right] \text{cmgr} \quad . \quad . \quad . \quad (59)$$

wobei jetzt $\quad k_1' = \dfrac{1}{2} \cdot \dfrac{1}{981} \cdot f_w \cdot \delta_1 \cdot \lambda \cdot R_m \cdot \alpha_1 \cdot \varrho \cdot w$

und $\quad z^2 = (\omega l)^2 + (\alpha_1 \varrho \cdot w)^2 \quad$ bedeutet.

Mit den gemachten Vereinfachungen erscheint jetzt die Drehmomentgleichung in Abhängigkeit von ω_2 als linear, jedoch ist dies nur für sehr kleine Werte von ω_2 und nur als Näherungswert gestattet, wie auch der eigentümliche Verlauf der Fehlerkurven beinahe aller Zähler zeigt.

---

[1] Siehe auch Fig. 8 a, S. 25.

Da nun bei diesen Apparaten die Umdrehungszahl des Rotors in einer bestimmten Zeit als Maß für die abgegebene Energie benutzt wird, so wird es nötig sein, dieselbe bestimmen zu können. Dazu dient hier die Gleichgewichtsbedingung des beweglichen Systems, die im folgenden untersucht werden soll.

Außer dem oben abgeleiteten Drehmoment und dem negativen der Bremsmagnete wird auch die Reibung der beweglichen Teile von Einfluß sein, so daß man in vielen Fällen ein Zusatzdrehmoment zur Deckung der Reibung erzeugt.

Im allgemeinen wird das Moment der Reibung von der relativen Geschwindigkeit der gleitenden Flächen und von der spezifischen Pressung abhängig sein. Im vorliegenden Falle soll aber außer dem Übergang von Ruhe zur Bewegung der Reibungskoeffizient als konstant angenommen werden, so daß das Widerstandsmoment der Reibung $\vartheta_R = K_R$ gesetzt werden kann, wenn K_R eine Konstante bedeutet.

Das Drehmoment der Kompensation der Reibung wird entweder durch Verzerren des Spannungsfeldes oder durch eine Zusatzwicklung erzeugt und möge der Einfachheit halber mit ϑ_c bezeichnet werden. Die Berechnung dieses Drehmomentes kann nach den früheren Gleichungen ebenfalls berechnet werden.

Das negative Drehmoment der Bremsung der Bremsmagnete berechnet sich nach Rüdenberg[1]) zu:

$$\vartheta_B = \frac{1}{4 \cdot 981}\, \delta_b \cdot \lambda_b{}^2 \cdot \omega_2 \cdot R_{bm} \cdot p \frac{\alpha \cdot \varrho_b \cdot w_b}{(\omega_2 \cdot l)^2 + (\alpha \cdot \varrho_b \cdot w_b)^2} B_b^2 \ \text{cmgr} \quad (60)$$

Hierin beziehen sich alle Buchstaben auf den Bremskörper selber und haben dieselbe Bedeutung wie früher.

Beachten wir jedoch das früher Bemerkte, daß die Rotorgeschwindigkeit im allgemeinen klein ist, so dürfen wir in einzelnen Fällen auch bei dieser Gleichung das Glied im Nenner, das ω_2 enthält, vernachlässigen, so daß das negative Drehmoment der Bremsung sich noch vereinfachen wird zu

$$\vartheta_B = \frac{1}{4} \cdot \frac{1}{981} \cdot \delta_b \cdot \lambda_b{}^2 \cdot \omega_2 \cdot R_{bm} \cdot p \cdot \frac{B_b{}^2}{\alpha \cdot \varrho_b \cdot w_b} \quad . \quad . \ (60\,\text{a})$$

Die Gleichgewichtsbedingung des beweglichen Systems lautet nun:

$$\vartheta - \vartheta_B + \vartheta_C - \vartheta_R = 0.$$

---

1) Rüdenberg, Energie der Wirbelströme, S. 24.

Setzen wir die einzelnen Werte in diese Gleichung ein, so kann daraus mit einiger Annäherung bei sehr kleinem ω_2 die Umdrehungszahl des Rotors bestimmt werden.

Setzen wir noch zur Abkürzung:

$$2 \cdot k \cdot k_2 \cdot k_1{}' \cdot \frac{\omega \cdot 10^{-2}}{z^2 \cdot z'} = K$$

und

$$\frac{1}{4} \cdot \frac{1}{981} \cdot \delta_b \cdot \lambda_b{}^2 \cdot p \cdot R_{b\,m} \cdot \frac{B_b{}^2}{\alpha \cdot \varrho_b \cdot w_b} = K_b,$$

so wird jetzt annähernd die Winkelgeschwindigkeit des Rotors ausgedrückt durch:

$$\omega_2 \simeq \frac{K \cdot J \cdot P \cdot \cos(\alpha \pm \varphi) - \vartheta_R + \vartheta_c}{\dfrac{k_1{}' \cdot 10^{-2}}{z^2}\left(k^2 \cdot J^2 + k_2{}^2 \cdot \dfrac{P^2}{z'^2}\right) + K_b} \quad \cdot \quad \cdot \quad (61)$$

Unter Umständen kann diese Gleichung erheblich abweichende Werte für ω_2 ergeben, weil auch ϑ_R und ϑ_c von ω_2 abhängen und nach der Voraussetzung dieselbe nur für kleine Werte von ω_2 annähernd Gültigkeit hat. Wollte man jedoch für alle Werte von ω_2 eine brauchbare Gleichung herleiten, so würde man auf große Schwierigkeiten stoßen, da erstens die genauen Gesetze der Reibung nicht bekannt sind und zweitens ω_2 niemals ganz linear sein kann.

Außerdem sind die praktisch vorkommenden Wechselströme niemals ganz sinusförmig, so daß die genaue Berechnung zwecklos wäre und zu ganz unübersehbaren Gleichungen führen würde.

Auf dieselbe Weise ließen sich auch für andere Schaltungen und für Drehstromzähler Drehmomentgleichungen herleiten.

Zu bemerken ist jedoch, daß bei Drehstromzählern die Verhältnisse noch verwickelter liegen, besonders wenn zwei Systeme auf eine Scheibe wirken, wodurch noch ein Zusatzdrehmoment erzeugt wird, das je nach der Art der Anordnung und Form der Armatur konstant oder mit wachsendem Verbrauchsstrom veränderlich ist.

III. Diskussion und experimentelle Untersuchungen.

In den vorhergehenden Kapiteln haben wir die Arbeitsweise der Ferrarismeßgeräte nach theoretischen Gesichtspunkten rechnerisch verfolgt und Arbeitsgleichungen aufgestellt und wollen nun im folgenden untersuchen, wie sich diese Apparate in Wirklichkeit verhalten und wieweit Theorie und Praxis übereinstimmen.

Die experimentellen Untersuchungen erstrecken sich vorwiegend nur auf direkt zeigende Instrumente, da die genaue Untersuchung von Zählern zum Teil kostspielige Einrichtungen erfordert, die mir nicht zu Gebote standen. Außerdem sind in der Literatur eine ganze Reihe teilweise sehr wertvoller Arbeiten vorhanden, die sich mit der experimentellen Untersuchung der Wechselstromzähler befassen[1]) und nach welchen sich auch mehr oder weniger gut die aufgestellte Theorie beurteilen läßt.

Die im folgenden angeführten experimentellen Untersuchungen wurden an einem von der Firma Hartmann & Braun zur Verfügung gestellten Voltmeter für maximal 130 Volt ausgeführt. Bei demselben waren die Pole der beiden Wechselfelder symmetrisch am Umfange des zylinderförmigen Rotors angeordnet und die Phasenverschiebung der Felder wurde mit der früher besprochenen Görnerschaltung erreicht.

Fig. 24 zeigt das Versuchsinstrument bei abgehobenem Deckel und Skala, und man erkennt darin deutlich die An-

---

[1]) Zu erwähnen ist hier die Arbeit von Brückmann, E.T.Z. 1910, S. 859, der zum erstenmal die veränderliche Phasenverschiebung bei verschiedenen Belastungen zwischen äußerem Feld und Rotorströmung experimentell bestätigte.

ordnung der Pole und den kleinen Transformator zur Erreichung
der Phasenverschiebung der Felder. Die Magnetpole, die in
der einen Achse die Hauptwicklung und in der andern die
Sekundärwicklung tragen, sind aus Eisenblech hergestellt. Der
zylinderförmige Rotor aus Aluminium ist mittels einer Stahlachse in mit Achat belegten Messingpfannen gelagert und auf
der vorderen Seite so weit über die Pole hinaus verlängert,

Fig. 24. Ansicht eines Ferrarisvoltmeters bei abgehobenem Deckel.

daß das hervorragende Zylinderende zugleich mit Hilfe zweier
hufeisenförmiger Stahlmagnete zur Dämpfung des Instrumentes
dient.

Am oberen Ende der Stahlachse sind außer dem Zeiger
noch zwei einander entgegenwirkende Federn und eine Vorrich-
tung zur Ausbalancierung des beweglichen Systems angebracht.
Die Nullpunktskorrektion geschieht durch Verstellen der Federn.

Bevor nun irgend welche Veränderungen am Instrument
vorgenommen wurden, wurde dasselbe bei verschiedenen Be-
triebsbedingungen untersucht, nämlich:

1. bei verschiedenen Spannungen und Periodenzahlen;
2. bei konstanter Spannung und veränderlicher Periodenzahl;
3. bei verschiedenen Spannungen und Kurvenformen und konstanter Periodenzahl.

Der Strom bzw. die Spannung wurde einem Aggregat entnommen, das aus zwei Wechselstrommaschinen verschiedener Polzahlen bestand, nämlich aus 4 und 12 Polen, so daß mit denselben, in Serie geschaltet, jede beliebige Kurvenform erzeugt werden konnte.

Die Untersuchungen bei verschiedenen Spannungen erfolgten bei konstanter Erregung der Maschine mit Hilfe eines Spannungsteilers, so daß die Kurvenform während jeder Untersuchung konstant blieb.

Dem Versuchsinstrument wurde ein vor und nach jedem Versuch geeichtes Westonvoltmeter parallel geschaltet und so für jede Skaleneinstellung der Fehler des Versuchsinstruments ermittelt.

Die mit Siemens-Oszillograph aufgenommene Spannungskurve der 4 poligen Maschine zeigt die in Fig. 25 wiedergegebene Form und kann dieselbe als annähernd sinusförmig betrachtet werden.

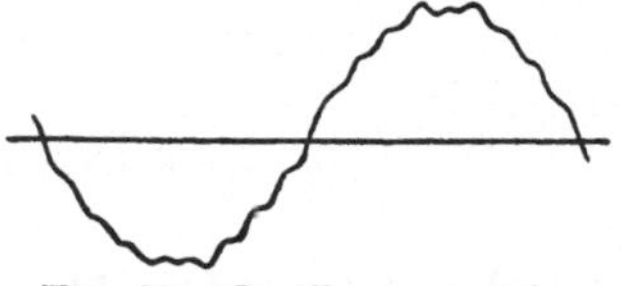

Fig. 25. Oszillogramm der verwendeten Wechselspannung.

Trägt man nun die bei der ersten Versuchsreihe bei verschiedenen Spannungen und Periodenzahlen erhaltenen Fehler in Skalenteilen des Versuchsinstrumentes als Funktion der abgelesenen Skalenteile auf, so erhält man die in Fig. 26 aufgezeichneten Kurven, und zwar 1. bei 30 Perioden, 2. bei 40 Perioden, 3. bei 50 Perioden und 4. bei 60 Perioden.

In diesen Kurven erkennt man, daß eine Zunahme der Periodenzahl eine Abnahme des Drehmoments bewirkt und umgekehrt, und daß bei 50 Perioden, für welche das Instrument gebaut ist, für die in Fig. 25 gezeichnete Kurvenform der Fehler zwischen 1,3 bis $0\,^0/_0$ schwankt. Bedenkt man jedoch, daß diese Voltmeter größtenteils nur als Schalttafelinstrumente benutzt werden, deren Meßbereich nur etwa in den Grenzen von 90 bis 130 Volt in Frage kommt, so erkennt man, daß der Fehler noch innerhalb der zulässigen Fehlergrenze liegt.

Auffallend ist aber bei den Fehlerkurven der Fig. 26, daß mit der Zunahme des Drehmoments der positive Fehler kleiner und der negative Fehler größer wird.

Zur Erklärung dieser Erscheinung kann hier erstens die Veränderung der Streuverhältnisse im Transformator und im Luftspalt des Instruments und zweitens die Veränderung des Verschiebungswinkels zwischen Erregerfeld und Strömung im Rotor mit steigender Belastung dienen.

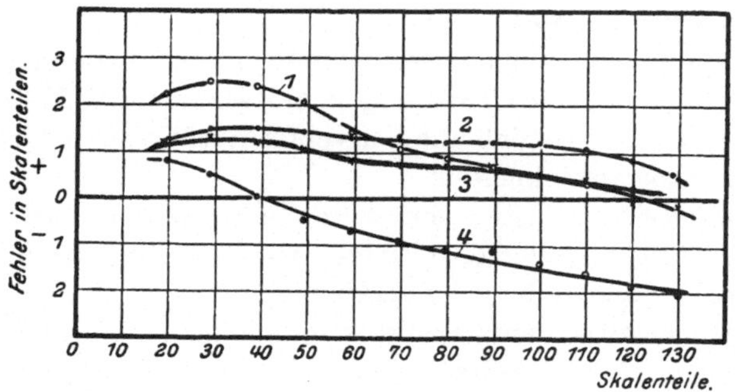

Fig. 26. Fehlerkurven des Versuchsvoltmeters.

Die erste Annahme, Veränderung der Streuverhältnisse, bewirkt hauptsächlich eine Veränderung des gegenseitigen Induktionskoeffizienten M des Transformators Gl. (52), so daß dadurch, wie schon früher bemerkt, eine Abnahme des Drehmoments bewirkt wird.

Die zweite Annahme, Veränderung des Verschiebungswinkels zwischen Erregerfeld und Rotorströmung, ist auf die Vergrößerung der Streuung im Luftspalt zurückzuführen, da dadurch am Rande des Zylinders die Strömungslinien mit wachsender Induktion zusammengedrückt werden und eine Erhöhung des Widerstandes jedes einzelnen Stromfadens und dadurch auch eine Veränderung des Verschiebungswinkels eintritt. Ob nun der gegenseitige Induktionskoeffizient M und der Verschiebungswinkel ψ zu- oder abnehmen, oder der eine zu- und der andere abnimmt, kann aus diesem Versuch nicht entschieden werden und soll später eingehend untersucht werden.

Nehmen wir jedoch an, daß der Verschiebungswinkel ψ mit steigender Induktion zunimmt, so erkennen wir in dem

Diagramm der Feldvektoren (Fig. 27), daß diese Zunahme eine Störung der Proportionalität zwischen dem wirksamen resultierenden Feld und der Klemmenspannung bewirkt und daß dadurch eine Abnahme des Drehmoments erfolgt. Im allgemeinen wird aber die Veränderung des Winkels ψ sehr klein sein, so daß anzunehmen ist, daß die Abnahme des Drehmoments durch die Veränderung des gegenseitigen Induktionskoeffizienten bewirkt wird. Der Einfluß der ungleichmäßigen Induktionsverteilung am Rotorumfang auf die Fehlerkurven wird in diesem Falle von wenig Belang sein, da sowohl Primär- als auch Sekundärfeld mit der Zunahme der Spannung im gleichen Maße wachsen.

Die zweite Versuchsreihe erstreckte sich auf die Ermittlung des Ausschlages am Versuchsinstrument als Funktion der Periodenzahl bei konstanter Spannung. Wir haben bei den Fehlerkurven (Fig. 26) gesehen, daß eine Veränderung der Periodenzahl eine Veränderung des Drehmoments bewirkt. Deshalb wurde dieselbe bei dem folgenden Versuch weit über die normalen Grenzen verändert, um einen klaren Einblick in die Verhältnisse zu erhalten.

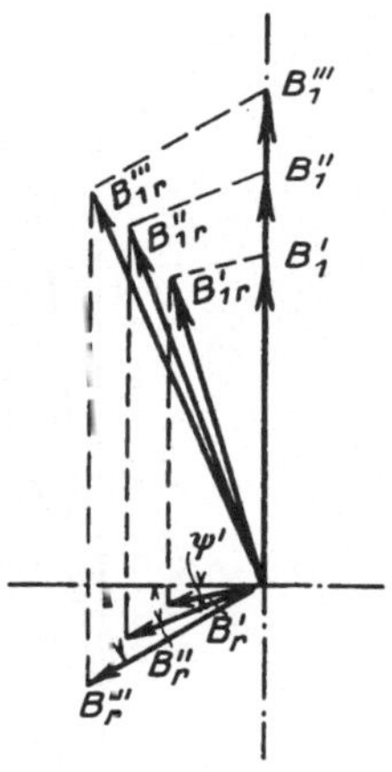

Fig. 27. Diagramm der Feldvektoren.

Zu diesem Zwecke wurde für die unteren Periodenzahlen bis 70 die 4 polige Maschine und für die höheren bis 160 Perioden die 12 polige Maschine benutzt, die bei konstanter Erregung ähnliche Kurvenformen lieferten. Außerdem wurde zwischen das Versuchsinstrument und die Maschinen ein Transformator geschaltet, um bei jeder Periodenzahl die konstante Spannung am Versuchsinstrument einhalten zu können. Um zugleich auch noch den Einfluß verschiedener Phasenverschiebungen der Felder auf die Angaben des Instrumentes bei verschiedenen Periodenzahlen untersuchen zu können, wurde der sekundäre Verschaltwiderstand des Instruments herausgenommen, dessen Größe bestimmt und durch einen Rheostatensatz ersetzt, so daß jetzt jeder beliebige Widerstand eingestellt und damit auch die Verschiebung der Felder verändert werden konnte.

Die so erhaltenen Ausschläge am Versuchsinstrument sind in Fig. 28 als Funktion der Periodenzahl bei verschiedenen sekundären Vorschaltwiderständen und zwei verschiedenen Spannungen aufgetragen.

Bei den Kurven 1 bis 3 betrug die Spannung 100 Volt, währenddem Kurve 4 bei 120 Volt aufgenommen wurde. Der normale sekundäre Vorschaltwiderstand wurde zu $r = 5{,}72$ Ohm ermittelt, bei dem Kurve 2 und 4 aufgenommen wurde, währenddem Kurve 3 bei 2,35 Ohm und Kurve 1 bei 11,75 Ohm aufgenommen wurden.

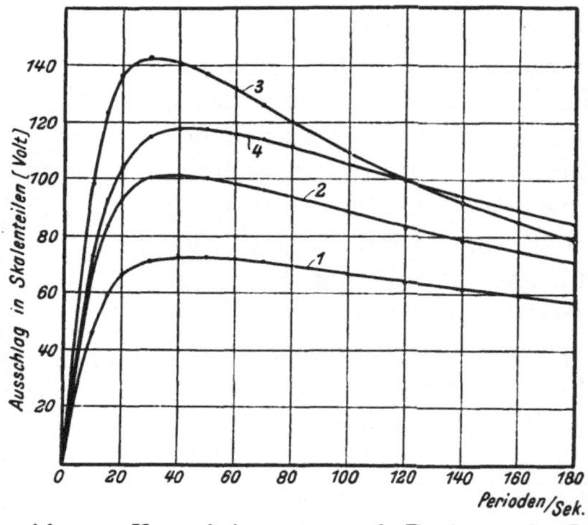

Fig. 28. Ausschlag am Versuchsinstrument als Funktion der Periodenzahl.

Wie aus diesen Kurven hervorgeht, nimmt das Drehmoment mit wachsender Periodenzahl anfangs sehr rasch zu, erreicht ein Maximum und fällt dann wieder langsam gegen Null ab. Dieses eigentümliche Verhalten des Drehmoments bei verschiedenen Periodenzahlen ist ja leicht erklärlich, wenn man bedenkt, daß mit wachsender Periodenzahl auch die Reaktanzen der einzelnen Stromkreise zunehmen werden, so daß anfangs die Felder zunehmen und mit wachsender Periodenzahl wieder geschwächt werden. Außerdem wird mit wachsender Periodenzahl auch der Verschiebungswinkel zwischen dem Erregerfeld und der Rotorströmung zunehmen, so daß dadurch die Abnahme des Drehmoments wieder beschleunigt wird.

Betrachten wir die drei Kurven bei den drei verschiedenen sekundären Vorschaltwiderständen, so erkennen wir, daß das Maximum des Ausschlages nicht bei allen drei Kurven bei ein und derselben Periodenzahl auftritt, sondern daß sich dasselbe mit zunehmendem Vorschaltwiderstand zu einem niederen Werte der Periodenzahl verschiebt.

Beachten wir aber, daß eine Zunahme des Vorschaltwiderstandes eine Abnahme des Sekundärstromes bewirkt und infolgedessen auch das Sekundärfeld kleiner wird, so wird es nicht schwer sein, diese Verschiebung des Maximums mit der ungleichmäßigen Stromverteilung in Zusammenhang zu bringen, da ja die Abnahme des Sekundärfeldes dieselbe begünstigt. Daraus sehen wir aber, daß es nicht möglich ist, für eine ungleichmäßige Stromverteilung im Rotor bzw. für ungleich große Felder das Maximum des Drehmoments durch Differentiation der abgeleiteten Drehmomentgleichung nach der Winkelgeschwindigkeit zu erhalten, wie dies von anderer Seite angegeben wurde[1]), sondern daß diese Rechnungsweise nur dann zu richtigen Resultaten führt, wenn beide Wechselfelder der Größe nach gleich sind. Daher kommt es auch, daß das Maximum des

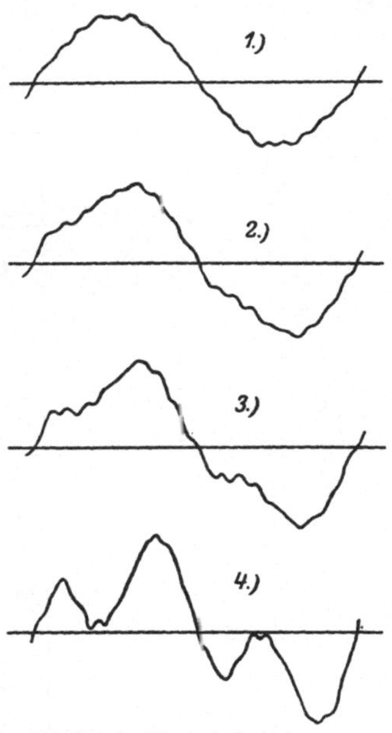

Fig. 29. Kurvenformen, bei denen das Versuchsinstrument untersucht wurde.

Drehmomentes bei den meisten derartigen Apparaten nicht bei derjenigen Periodenzahl auftritt, für die das Instrument ursprünglich gebaut war, wie dies übrigens auch in unserem Falle bei einer niedrigeren als der normalen Periodenzahl auftritt[2]).

---

[1]) Görner, Zeitschrift Helios 1911, Heft 20.

[2]) Als Grund dieser Abweichung führt Görner Konstruktionsrücksichten an, durch die es nicht immer möglich sein soll, das Maximum des Drehmomentes mit der gewünschten Periodenzahl zusammenfallen zu lassen.

Die dritte Versuchsreihe endlich erstreckt sich auf die Ermittlung der Fehlerkurven bei verschiedenen Kurvenformen.

Dazu wurden die beiden Maschinen mit 4 und 12 Polen in Serie geschaltet und die 4polige Maschine auf 50 Perioden und ca. 130 Volt einreguliert. Wurde nun die 12polige Maschine in 3 Stufen erregt, so wurden die Fig. 29, 1 bis 4, mit dem Siemens-Oszillograph aufgenommenen Spannungskurven erhalten, bei denen jeweils auch die Fehlerkurven des Versuchsinstruments in Fig. 30 aufgenommen wurden.

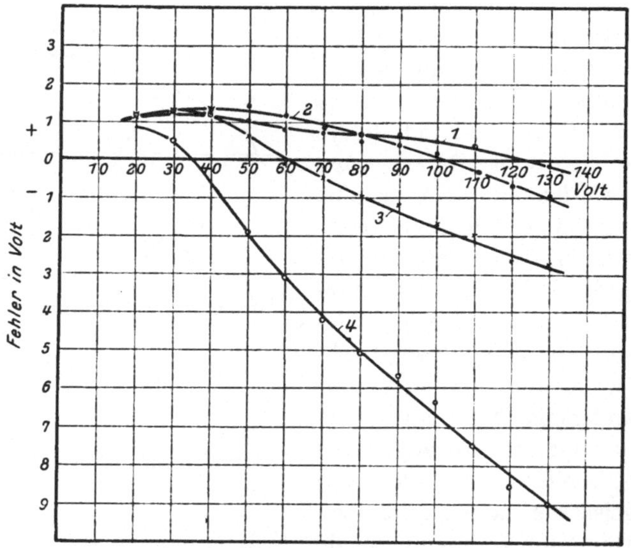

Fig. 30. Fehlerkurven bei den Kurvenformen der Figur 29.

Diese Fehlerkurven zeigen Ähnlichkeit mit denjenigen bei verschiedenen Periodenzahlen, nur daß hier der negative Fehler bei stark verzerrten Kurvenformen ganz beträchtlich wird. Diese merkwürdige Tatsache, daß mit der Zunahme der Verzerrungen der Spannungskurve das Drehmoment stark abnimmt, haben wir bei der Drehmomentgleichung für beliebige Kurvenformen auch gefunden.

Beachten wir ferner, daß bei den Kurvenformen der Fig. 29 die dritte Harmonische besonders stark ausgebildet ist,

so erkennen wir, daß auch das nach der Gl. (35) berechnete
Drehmoment einen beträchtlichen Fehler ergibt, so daß also
diese Gleichung qualitativ richtige Resultate liefert. Auffallend
ist jedoch bei den Kurven der Fig. 30, daß bei starker Verzerrung der Spannungskurve der Fehler nicht dauernd negativ
wird und sogar bei kleinen Spannungen positiv wird. Der
Grund dieser Erscheinung dürfte aber auch, wie früher schon
bemerkt wurde, in der ungleichmäßigen Stromverteilung im
Rotor und vielleicht auch in der Lagerreibung zu suchen sein.
Hieraus geht aber wieder klar genug hervor, daß es immer
zweckmäßiger ist, den Feldern, wenn möglich, gleiche Größe

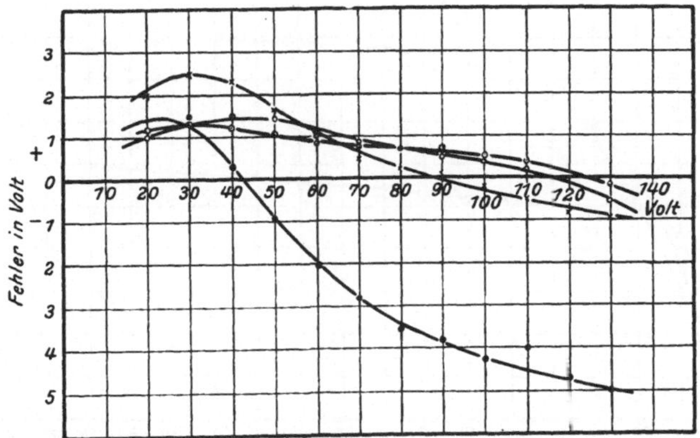

Fig. 31. Fehlerkurven bei verschiedenen Kurvenformen.

zu geben, da es dann möglich sein wird, für eine bestimmte
Kurvenform trotzdem ein Instrument zu bauen, dessen Fehler
die normale Fehlergrenze nicht überschreiten.

Wurde nun die 12 polige Maschine abgeschaltet und die
Anschlußklemmen derselben vertauscht, so ergaben sich ungefähr dieselben Spannungskurven wie in Fig. 29, nur daß jede
Halbwelle jetzt umgeklappt erscheint. Dadurch wurden auch
die Fehlerkurven geändert, wie Fig. 31 zeigt. Dies rührt jedenfalls daher, daß jetzt die Lage der Oberfelder eine andere geworden ist, so daß sich auch die Grund- und Oberströme im
Rotor in anderer Weise beeinflussen.

Bei der Untersuchung mit konstanter Spannung und veränderlicher Periodenzahl haben wir gesehen, daß das Dreh-

moment in einer eigentümlichen Weise von der Periodenzahl abhängt und wollen nun untersuchen, wie sich dieses Versuchsinstrument bei konstantem Primärstrom verhält. Da nun aber der Primärstrom bei diesem Instrument äußerst klein ist und mit einem gewöhnlichen Amperemeter nicht mehr gemessen werden konnte, wurden die Wicklungen umgekehrt, d. h. die früheren Primärwicklungen wurden jetzt als Sekundärwicklungen benutzt und über einen Widerstand kurzgeschlossen.

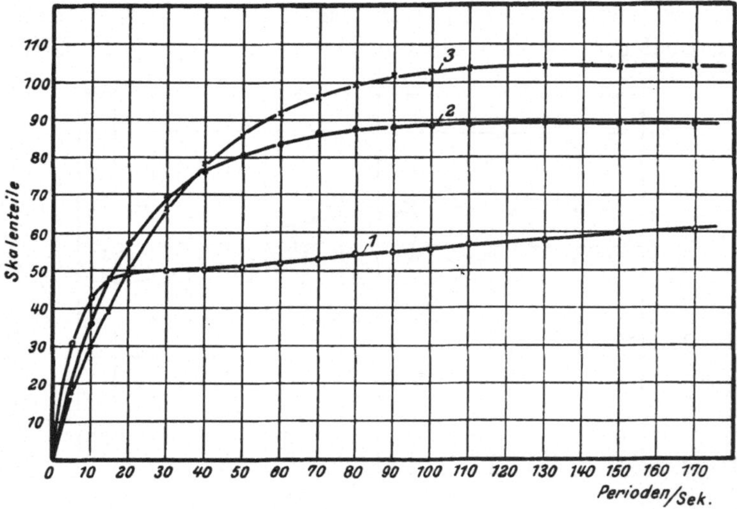

Fig. 32. Abhängigkeit des Skalenausschlages von der Periodenzahl beim Amperemeter.

Dadurch wird zwar der Primärstrom meßbar, aber dafür die Phasenverschiebung der Felder beträchtlich von 90° abweichen; das Drehmoment war jedoch noch so groß, daß die Verhältnisse mit genügender Genauigkeit verfolgt werden konnten.

Wurde deshalb der Primärstrom auf konstanter Stärke von 1 Ampere gehalten und bei verschiedenen sekundären Vorschaltwiderständen das Drehmoment bzw. der Ausschlag am Versuchsinstrument als Funktion der Periodenzahl bestimmt, so ergaben sich die in Fig. 32 aufgezeichneten Kurven, die die Abhängigkeit eines Amperemeters nach diesem Prinzip von der Periodenzahl angeben. Die Vorschaltwiderstände betrugen dabei 0, 1000 und 2000 Ohm. Daraus ist zu ersehen, daß das Drehmoment mit wachsender Periodenzahl wächst und kein ausgeprägtes Maximum mehr stattfindet, während dies beim Voltmeter vorhanden war. Bedenkt man jedoch, daß bei einem als Amperemeter gebauten Instrument die verschiedenen Wicklungen andere Dimensionen erhalten, wie bei diesem als Voltmeter gebauten, so erkennt man, daß diese Kurven einen etwas anderen Verlauf zeigen werden, jedoch werden dieselben auch einen qualitativen Einblick in die Verhältnisse eines Amperemeters gestatten. Trägt man noch den Ausschlag

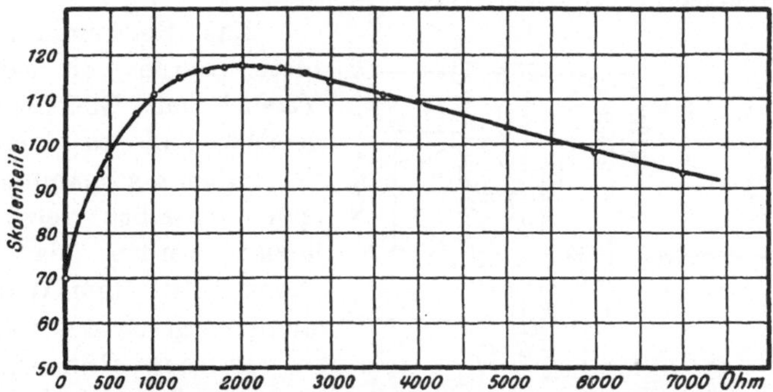

Fig. 33. Abhängigkeit des sekundären Vorschaltwiderstandes vom Ausschlag bei einem Amperemeter.

am Versuchsinstrument als Funktion des sekundären Vorschaltwiderstandes auf, so erhält man die in Fig. 33 aufgezeichnete Kurve, die bei einem konstanten Strom von ·1,36 Ampere aufgenommen wurde. Dabei erkennt man, daß die sekundäre Transformatorspannung, wenn kein Widerstand eingeschaltet ist, beträchtlich gesunken ist und mit wachsendem Vorschaltwiderstand sehr bald einem Maximum zustrebt. Dadurch wird die Phasenabweichung von 90° immer kleiner werden, hingegen der Sekundärstrom wird anfangs etwas zu- und nachher sehr rasch abnehmen, wodurch auch diese Drehmomentkurve als Funktion des sekundären Vorschaltwiderstandes ein Maximum aufweist, das ungefähr bei 2000 Ohm liegt.

Wir haben früher in Fig. 19 ein Diagramm für die Görnerschaltung eines Voltmeters abgeleitet und wollen nun im folgenden untersuchen, wie sich die einzelnen Stromkreise verhalten und wie sich das Diagramm dieses Versuchsinstruments gestaltet.

Zu diesem Zwecke wurde der Rotor samt Zeiger und Torsionsfedern herausgenommen und mittels eines sehr empfindlichen Spiegeldynamometers die zugeführte Energie als Funktion der Klemmenspannung gemessen. Die ganze Schaltanordnung ist aus Fig. 34 ersichtlich.

In den Sekundärkreis wurde außer dem Vorschaltwiderstand noch ein geeichtes Hitzdrahtamperemeter eingeschaltet und der Gesamtwiderstand beider auf die Größe des normalen Vorschaltwiderstandes abgeglichen, so daß gleichzeitig auch der Sekundärstrom gemessen werden konnte.

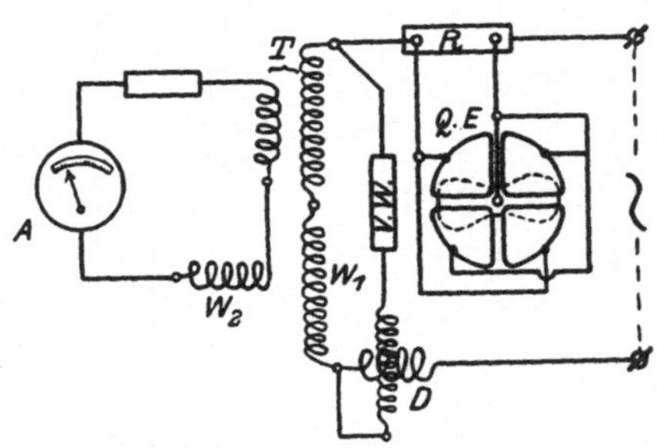

Fig. 34. Schaltanordnung zur Bestimmung der einzelnen Konstanten.

Das Spiegeldynamometer wurde vor jedem Versuch mit Gleichstrom geeicht und es konnte der Verlust der Spannungsspule derselben vernachlässigt werden, da annähernd 10^6 Ohm Widerstand vorgeschaltet war.

In den Primärkreis wurde außer der Stromspule des Dynamometers noch ein bekannter Widerstand eingeschaltet und mit Hilfe eines Quadranten-Elektrometers in Doppelschaltung, das vorher mit Gleichstrom geeicht wurde, die Spannung am bekannten Widerstand gemessen und daraus der sehr kleine Primärstrom bestimmt. Die Klemmenspannung des Instruments konnte nicht zur gleichen Zeit bestimmt werden, da das Quadranten-Elektrometer für höhere Spannungen als 100 Volt nicht mehr zu gebrauchen war und mußte deshalb für die betreffenden Primärströme besonders bestimmt werden.

Die so erhaltenen Versuchswerte sind in Tabelle II zusammengestellt.

Aus dieser Tabelle läßt sich nun ohne weiteres die totale Impedanz z_t, das Verhältnis $\dfrac{J_2}{J_1} = \dfrac{\omega \cdot M}{\sqrt{r_2{}^2 + \omega^2 \cdot L_2{}^2}}$ und die Phasenverschiebung φ_t zwischen P und J_1 als Funktion der Klemmen-spannung berechnen.

Tabelle II.

P	J_1	J_2	W
33	0,015	0,074	0,41
43	0,019	0,1	0,67
54	0,023	0,127	1,00₅
64	0,028	0,15	1,42
75	0,032	0,176	1,91
87	0,037	0,203	2,51
99	0,043	0,228	3,17
110	0,048	0,254	3,88₅
124	0,054	0,28	4,87
136	0,06	0,306	5,85

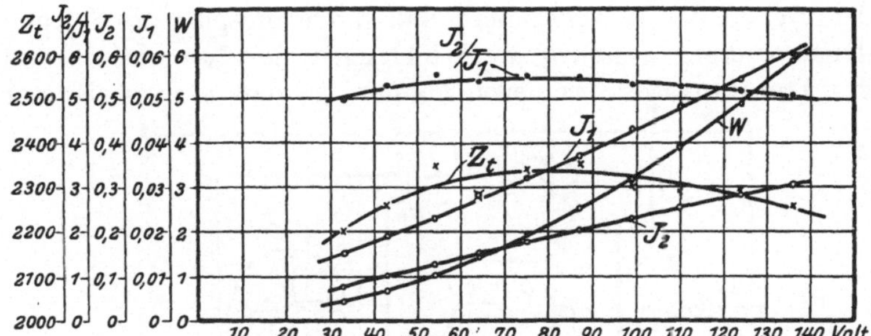

Fig. 35. Konstanten des Versuchsinstruments in Abhängigkeit der Spannung.

Die Resultate dieser Berechnung sind in Tabelle III zusammengestellt und in Fig. 35 als Funktion der Klemmen spannung aufgetragen.

Daraus ist jetzt ersichtlich, daß die totale Impedanz der Görnerschaltung nicht konstant bleibt und daß sich auch das Verhältnis von Primär- und Sekundärstrom in ähnlicher Weise ändert. Dadurch aber wird auch das Drehmoment beeinflußt werden, so daß sich jetzt auch die Abnahme bzw. Zunahme des Feldes der Fig. 26 mit steigender Klemmenspannung nach einer Seite hin erklärt.

Tabelle III.

P	z_ι	J_2/J_1	$\cos\varphi_\iota$	φ_ι
33	2200	4,94	0,828	34° 5′
43	2260	5,26	0,82	34° 52′
54	2350	5,52	0,809	36° 0′
64	2280	5,35	0,792	37° 38′
75	2340	5,5	0,795	37° 20′
87	2350	5,48	0,78	38° 28′
99	2300	5,3	0,745	41° 50′
110	2290	5,28	0,734	42° 45′
124	2290	5,18	0,727	43° 19′
136	2260	5,1	0,717	44° 11′

Um nun aber das vollständige Diagramm entwerfen zu
können, ist es nötig, die einzelnen Faktoren der Primär- und
Sekundärwicklung zu bestimmen. Deshalb wurde die Schaltung
der Fig. 33 derart abgeändert, daß die Stromspule des Spiegeldynamometers zwischen die Wicklungen des Instruments und
des Transformators zu liegen kommt, so daß nach geeigneter

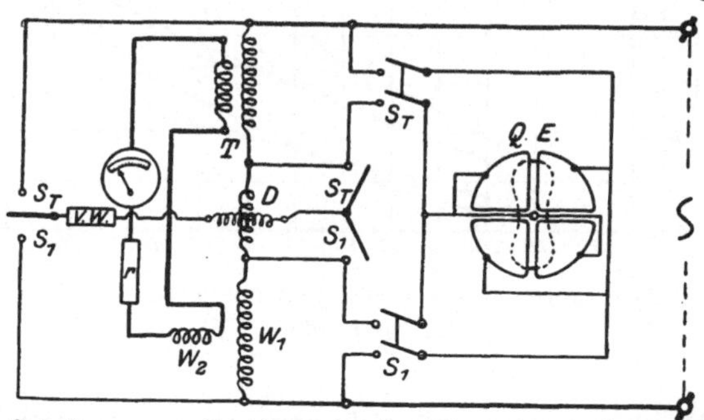

Fig. 36. Schaltung zur Bestimmung der Konstanten des Primärkreises.

Umschaltung der Spannungsspule sowohl die dem Transformator
als auch die der Primärwicklung des Instruments zugeführte
Leistung gemessen werden konnte.

Das Schaltungsschema ist in Fig. 36 aufgezeichnet. Die
Teilspannungen am Transformator und am Instrument wurden
mittelst eines geeichten Quadranten-Elektrometers bestimmt.

Für die Primärwicklung des Instruments ergaben sich die
in Tabelle IV zusammengestellten Werte.

Tabelle IV.

Experimentell ermittelt			Berechnet				
P_1	J_1	W_1	z_1	r_1	ωL_1	L_1	φ_1
18,8	0,015	0,16	1250	710	1030	3,28	55° 22′
23,9	0,019	0,25	1260	693	1043	3,32	56° 38′
28,2	0,023$_3$	0,375	1225	690	1045	3,32$_5$	55° 13′
34,7	0,028	0,53	1240	675	1055	3,35$_5$	57° 0′
40,7	0,032$_3$	0,71	1270	678	1053	3,35	57° 20′
46,7	0,037$_8$	0,96	1260	670	1055	3,36	56° 38′
53	0,043	1,22	1235	660	1065	3,39	57° 40′
60	0,048	1,52$_5$	1250	660	1065	3,39	58° 0′
67,6	0,054	1,91	1250	655	1070	3,4	58° 30′
75,8	0,06	2,36	1265	655	1070	3,4	58° 45′

(Mittelwert = 1250)

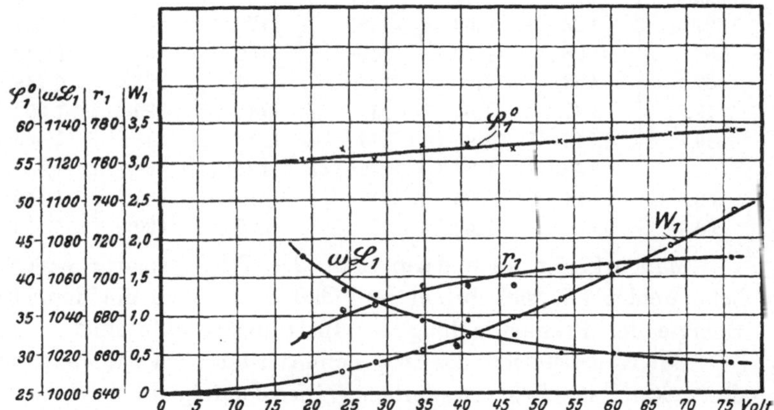

Fig. 37. Konstanten des Primärkreises des Instruments als Funktion
der Spannung dieser Wicklung.

Daraus ersehen wir, daß die Impedanz z_1 der Primärwicklung des Instruments als annähernd konstant betrachtet
werden darf. Der Selbstinduktionskoeffizient wurde deshalb
auch für jede Spannung aus dem Mittelwert von z_1 berechnet.
In der Tabelle IV ist außerdem noch der Phasenwinkel zwischen
der Spannung und dem Strom angegeben. Zur besseren Übersicht sind noch die Werte der Tabelle IV als Funktion der
Spannung aufgetragen, Fig. 37.

Darin erkennt man jetzt, daß sich der Phasenwinkel φ_1 mit zunehmender Spannung vergrößert und daß der effektive Widerstand ab- und die effektive Reaktanz zunimmt. Wie weit diese Veränderungen auf die Arbeitsweise der Schaltung Einfluß haben, wird sich später aus dem Diagramm ergeben. Auf dieselbe Weise wurden auch die Faktoren des sekundär belasteten Transformator bestimmt. Dieselben sind in Tabelle V zusammengestellt und in Fig. 38 als Funktion der Spannung aufgetragen.

Tabelle ·V.

Experimentell ermittelt			Berechnet			
P_T	J_1	W_T	z_T	r_T	ωL_T	L_T
16,8	0,015	0,25	1120	1110	142	0,452
22,3	0,019	0,42	1175	1165	148	0,475
27,5	0,023	0,63	1180	1170	158	0,504
33	0,028	0,90	1180	1150	265	0,843
37,4	$0,032_3$	1,2	1170	1145	235	0,748
43,7	$0,037_8$	1,55	1155	1185	399	1,27
49,1	0,043	1,95	1140	1150	448	1,425
54	0,048	2,36	1125	1125	465	1,48
60,5	0,054	2,96	1120	1010	485	1,542
66,3	0,06	3,49	1105	975	520	1,655

Man erkennt auch darin, daß der Transformator wesentliche Fehler mit sich bringt und daß er beinahe die doppelte Energie der Primärwicklung des Instruments aufnimmt.

Zur Konstruktion des Diagrammes sind noch die Faktoren des Sekundärkreises erforderlich. Dieselben konnten aber aus Mangel eines geeigneten Wattmeters nicht aus Leistungsmessungen ermittelt werden, sondern wurden mit Hilfe der Wheatstonschen Brücke für Wechselströme und mit Vibrationsgalvanometer bestimmt. Dabei zeigte es sich, daß bei diesen Faktoren des Sekundärkreises keine wesentlichen Änderungen mit zu- oder abnehmendem Strome zu konstatieren waren und daß dieselben als annähernd konstant angesehen werden dürfen.

Der totale effektive Widerstand des Sekundärkreises ergab sich bei normalem Vorschaltwiderstand zu $r_{2t} = 6{,}43$ Ohm, und der totale effekt. Selbstinduktionskoeffizient zu $L_{2t} = 0{,}00135$ Henry, und die der einzelnen Wicklungen:

<table>
<tr><td>1. Transformatorseite</td><td>2. Sekundärwicklung
des Instruments</td></tr>
</table>

$$r_{2T} = 0,6 \text{ Ohm} \qquad r_{2J} = 0,2 \text{ Ohm}$$
$$L_{2T} = 0,0006 \text{ Henry} \qquad L_{2J} = 0,00075 \text{ Henry.}$$

Mit Gleichstrom wurde gemessen: $r_{2T} + r_{2J} = 0,51$ Ohm.

Der Phasenabweichungswinkel γ von 90^c ergibt sich nun nach früherem zu:

$$\mathrm{tg}\,(90 + \gamma) = -\,\mathrm{cotg}\,\gamma = -\,\frac{r_{2t}}{\omega \cdot L_{2t}},$$

also $\quad \mathrm{cotg}\,\gamma = \dfrac{6,43}{314 \cdot 0,00135} = 15,15 \quad$ oder $\quad \gamma = 3^0\,46'.$

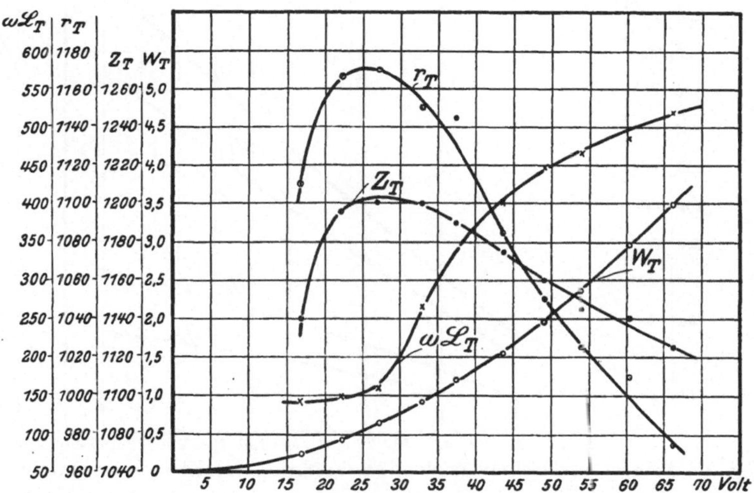

Fig. 38. Konstanten der primären Transformatorwicklung als Funktion ihrer Klemmenspannung, wenn die sekundäre Seite belastet ist.

Ferner wird der Phasenwinkel zwischen der sekundär induzierten EMK und dem Sekundärstrom

$$\mathrm{tg}\,\varphi_2 = \frac{\omega \cdot L_{2J}}{r_2} = \frac{314 \cdot 0,00075}{6,43} = 0,0367 \quad \text{oder} \quad \varphi_2 = 2^0\,6'.$$

Damit ergäbe sich der Hysteresiswinkel mit einiger Annäherung

$$\alpha = \gamma - \varphi_2 = 3^0\,46' - 2^0\,6' = 1^0\,40',$$

also eine außerordentlich kleine Größe. Experimentell konnte derselbe nur unter Vernachlässigung des Widerstandes ermittelt werden und ergab ungefähr den gleichen Wert.

Nun sind sämtliche Größen für das Diagramm bekannt und kann dasselbe unter der Annahme, daß der Hysteresiswinkel α überall derselbe ist, konstruiert werden. Vorher soll jedoch noch mit dem Selbstinduktionskoeffizienten der Primär- und Sekundärwicklung und den Dimensionen des Eisenkörpers die Größe der Felder im Eisen ermittelt werden. Die Primärwicklung des Instrumentes enthält auf jedem Magnetschenkel

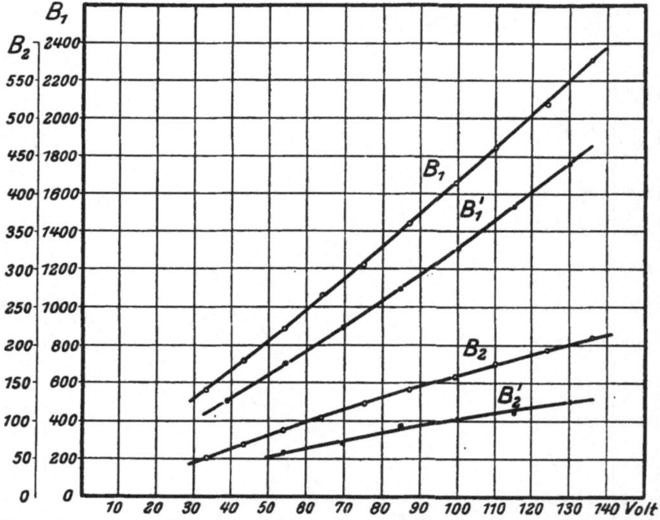

Fig. 39. Primär- und Sekundärfelder als Funktion der Klemmenspannung.

2600 Windungen, also insgesamt 5200 Windungen, währenddem die Sekundärwicklung im ganzen 64 Windungen enthält. Der Eisenquerschnitt der Pole beträgt: $Q_e = 1{,}45 \times 1{,}65 = 2{,}4$ cm². Der Kraftfluß der Pole berechnet sich dann aus:

$$\Phi = \frac{\sqrt{2} \cdot J \cdot L \cdot 10^8}{w} \text{ abs. Einheiten,}$$

oder die Induktion

$$B = \frac{\sqrt{2} \cdot J \cdot L \cdot 10^8}{w \cdot Q_e} \text{ abs. Einheiten,}$$

wobei w die Windungszahl bedeutet.

Die so aus diesen Formeln berechneten Felder für die betreffenden Werte von J und L sind in Tabelle VI zusammengestellt.

Außerdem sind in Fig. 39 die Induktionen B_1 und B_2 als Funktion der gesamten Klemmenspannung aufgetragen, deren Werte für J aus der Fig. 35 entnommen sind. Darin erkennt man, daß die Veränderung der einzelnen Faktoren im Transformatorkreis einen Einfluß auf die sekundäre Induktion B_2 ausübt, da diese Kurve schwach nach unten gekrümmt ist, währenddem diejenige von B_1 nach oben gekrümmt ist, und also beide nicht ganz proportional mit der Spannung wachsen.

Tabelle VI.

J_1	L_1	Φ_1	B_1	J_2	$L_2 J$	Φ_2	B_2
0,015	3,28	$0,1343 \cdot 10^4$	560	0,074	0,00075	$0,0123 \cdot 10^4$	51,5
0,019	3,32	$0,1716 \cdot 10^4$	713	0,1		$0,0166 \cdot 10^4$	69
$0,023_3$	$3,32_5$	$0,211 \cdot 10^4$	881	0,127		$0,0211 \cdot 10^4$	88
0,028	$3,35_5$	$0,256 \cdot 10^4$	1065	0,15		$0,0249 \cdot 10^4$	104
$0,032_3$	3,35	$0,294 \cdot 10^4$	1222	0,176		$0,0292_5 \cdot 10^4$	122
$0,037_8$	3,36	$0,346 \cdot 10^4$	1440	0,203		$0,0337 \cdot 10^4$	140
0,043	3,39	$0,390 \cdot 10^4$	1658	0,228		$0,0378 \cdot 10^4$	158
0,048	3,39	$0,50 \cdot 10^4$	1845	0,254		$0,0422 \cdot 10^4$	176
0,054	3,4	$0,50 \cdot 10^4$	2080	0,28		$0,0464 \cdot 10^4$	193
0,06	3,4	$0,555 \cdot 10^4$	2310	0,306		$0,0508 \cdot 10^4$	210

Da wir gesehen haben, daß die einzelnen Faktoren der verschiedenen Stromkreise innerhalb des ganzen Meßbereiches des Instruments Veränderungen unterworfen sind, so soll das folgende Diagramm für zwei verschiedene Werte der Klemmenspannung entworfen werden, nämlich für einen oberen und einen unteren Wert.

Tragen wir deshalb in Fig. 40 die Klemmenspannung des unteren Wertes in der positiven x-Achse auf, so können wir mit deren Komponenten P_T und P_1 oder mit dem früher ermittelten Winkel φ_t die Richtung des Primärstromes konstruieren, indem wir über diesen Vektoren Kreisbogen schlagen und vom Ursprung aus die den Widerständen entsprechenden Spannungen auftragen. Dadurch gibt die Widerstandsspannung die Richtung des Primärstromes an, während die andere Kom-

ponente die Reaktanzspannung darstellt. Trägt man noch das
Primärfeld um den Hysteresiswinkel α gegen die Richtung
des Stromes verzögert ein und ebenso um $(90 + \gamma)^0$ dagegen
verzögert das Sekundärfeld, so erkennt man, daß die 90°-Phase
fast erfüllt ist. Die Vektoren des Sekundärkreises sind im
Diagramm ihrer außerordentlichen Kleinheit wegen weggelassen
und nur die Richtungen des Stromes und des Feldes angegeben.

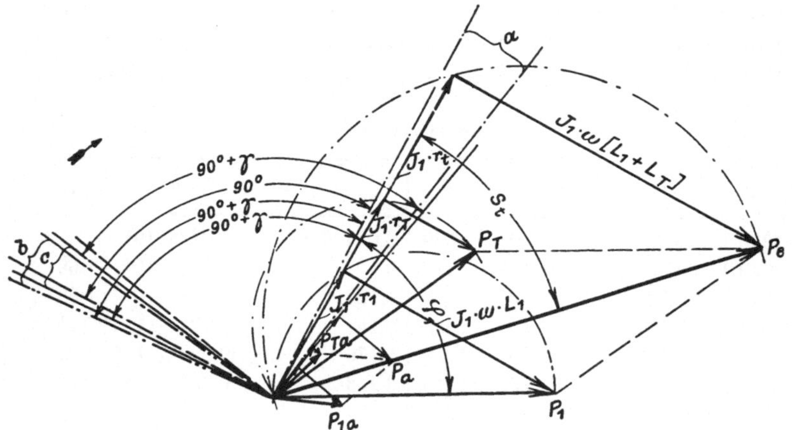

Fig. 40. Vollständiges Diagramm eines Ferrarisvoltmeters.

Wird nun auf dieselbe Weise auch für den oberen Wert
der Klemmenspannung das Diagramm entworfen, so wird man
erkennen, daß sich die Verschiebung der Felder nicht geändert
hat und das ganze Diagramm nur verdreht wird. Dabei
wurde aber stillschweigend vorausgesetzt, daß der Hysteresiswinkel über das ganze Meßbereich konstant bleibt. Nun ist
aber bekannt, daß die Hysteresisarbeit mit der 1,6ten Potenz
der Induktion wächst, so daß auch mit steigender Induktion
der Hysteresiswinkel größer und damit auch die Verschiebung
der Felder geändert wird. Bei Volt- und Amperemetern wird
jedoch diese kleine Änderung wenig Einfluß haben, so daß sie
auch vernachlässigt werden darf. Bei Wattmetern und Zählern
hingegen wird dieser Einfluß nicht mehr ganz zu vernachlässigen sein, da eine Veränderung der Verschiebung der Felder
sich auch am Endresultat bemerkbar macht.

Außer diesem Einfluß wird sich auch die gekrümmte Form der als Funktion der Klemmenspannung aufgetragenen Sekundärinduktion B_2 fühlbar machen, worauf auch größtenteils die Abnahme des positiven Fehlers bzw. Zunahme des negativen Fehlers der Fehlerkurve mit zunehmender Klemmenspannung zurückzuführen ist.

Um nun zu sehen, ob die in Tabelle VI aus den Selbstinduktionskoeffizienten berechneten Felder ihrer Größe nach stimmen, wurden dieselben auch experimentell ermittelt.

Zu diesem Zwecke wurden um die Polenden wenige Windungen dünnen Drahtes geschlungen und mit Hilfe eines sehr empfindlichen Spiegeldynamometers der vom jeweiligen Feld erzeugte Strom gemessen.

Aus diesem, der Impedanz des Dynamometers und der von den Windungen eingeschlossenen Fläche läßt sich dann ebenfalls angenähert die Induktion in den Polen sehr nahe am Luftspalt bestimmen.

Die Bestimmung der Dynamometerkonstante erfolgte aus 4 Gleichstrommessungen[1]), indem sowohl der zugeführte Strom als auch derjenige in der Spannungsspule kommutiert wurde. Die Ablesung erfolgte mit Fernrohr, das in 3 m Abstand vom Dynamometer aufgestellt war. Die so ermittelte Dynamometerkonstante ergab sich zu $k_D = 4{,}23 \cdot 10^{-5}$ Amp.

Die Impedanz des Dynamometers wurde mit der Wheatstoneschen Brücke und Vibrationsgalvanometer bestimmt und ergab bei 50 Perioden 660 Ohm. Die Prüfspulen eines jeden Magnetschenkels erhielten 20 Windungen eines 0,23 mm dicken Drahtes. Eine kleinere Windungszahl konnte der kleinen Felder wegen nicht genommen werden, jedoch war dessen Impedanz im Verhältnis zu derjenigen des Dynamomoters verschwindend klein.

Ist n der Ausschlag am Dynamometer, so ist der Strom in den Prüfspulen

$$J_p = \sqrt{n} \cdot k_D,$$

und wenn z_D die Impedanz des Dynamometers ist, so wird annähernd die induzierte EMK

$$E_p = J_p \cdot z_D.$$

____

[1]) Siehe Handbuch der Elektrotechnik, Bd. I und II.

Ist ferner noch w_p die Windungszahl der in Serie geschalteten Prüfspulen und Q_l der Polquerschnitt an der betrachteten Stelle, so berechnet sich bei sinusförmigem Strom das Feld nahe beim Luftspalt aus:

$$B_{max} = \frac{E_p \cdot 10^8}{4,44 \cdot c \cdot w_p \cdot Q_l}.$$

.Damit wurden für verschiedene Klemmenspannungen bei 50 Perioden/sek und normalem sekundären Vorschaltwiderstand die in Tabelle VII zusammengestellten Werte der Felder ermittelt.

Tabelle VII.

P	Strom in den Prüfspulen		Spannung an den Prüfspulen		Werte der Felder	
	primär	sekundär	primär	sekundär	primär	sekundär
33,8	$1,64 \cdot 10^{-4}$	—	0,1085	—	509	—
54,2	$2,26 \cdot 10^{-4}$	$1,89 \cdot 10^{-5}$	0,149	0,0125	700	58,6
69,5	$2,89 \cdot 10^{-4}$	$2,33 \cdot 10^{-5}$	0,191	0,0154	895	72,3
84,8	$3,54 \cdot 10^{-4}$	$3,0 \cdot 10^{-5}$	0,234	0,0198	1100	93
99,9	$4,22 \cdot 10^{-4}$	$3,28 \cdot 10^{-5}$	0,279	0,0217	1310	102
115	$4,93 \cdot 10^{-4}$	$3,54 \cdot 10^{-5}$	0,326	0,0234	1530	110
130	$5,67 \cdot 10^{-4}$	$4,02 \cdot 10^{-5}$	0,375	0,0266	1760	125

Tragen wir noch diese Werte der Felder in Fig. 39 ein, so erkennt man, daß das berechnete Feld bedeutend größer ist als das mit dem Dynamometer ermittelte und daß die Kurve für B_2 noch stärker gekrümmt ist.

Der Grund dieser Abweichung in der Größe der Felder ist aber darin zu suchen, daß wir mit dem effektiven Selbstinduktionskoeffizienten gerechnet haben, in dem ja gewissermaßen die Verluste im Eisen mit einbegriffen sind und ferner am Rande der Pole das Feld infolge von Streuung kleiner ist. Außerdem umfassen die Prüfspulen in der Mitte schon einen Teil des Luftspaltes, so daß diese ermittelten Felder einen Mittelwert zwischen demjenigen im Eisen und im Luftspalt darstellen. Wir können also für die späteren Berechnungen diese Felder nur mit einiger Annäherung verwenden und müssen sie außerdem, wie diejenigen aus dem Selbstinduktionskoeffizienten berechneten noch auf den Luftspalt reduzieren, um die wirklich treibenden Induktionen zu erhalten.

Bei allen diesen bis jetzt genannten Untersuchungen waren die Dämpfermagnete nicht entfernt, so daß dadurch möglicherweise auch noch Fehler in die Rechnung gekommen sind. Dieser Einfluß soll später noch eingehend untersucht werden.

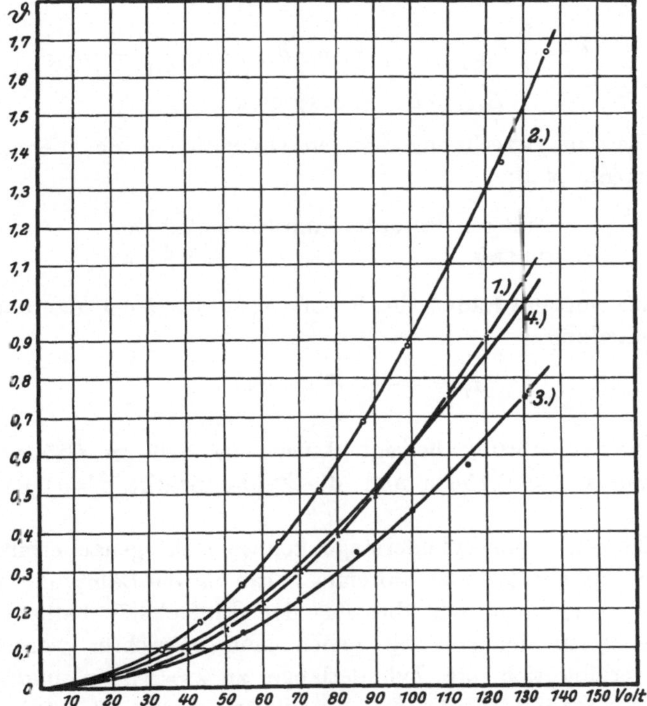

Fig. 41. Experimentelle und berechnete Drehmomentkurven als Funktion der Spannung.

Nun kann auch das Drehmoment berechnet werden. Um aber über die Richtigkeit dieser Berechnung einen Anhaltspunkt zu erhalten, wurde auch das Drehmoment experimentell ermittelt. Zu diesem Zwecke wurde der auf der Achse sitzende Zeiger samt den Torsionsfedern entfernt und über den Rand des Zylinders ein Seidenfaden geschlungen, an dem kleine Wagschalen aus Papier befestigt waren. Die Nullstellung und

Ausbalancierung des beweglichen Systems erfolgte mit Hilfe eines an der Vorderseite des Zylinders befestigten Aluminiumzeigers. Die aus diesem Versuch erhaltene Drehmomentkurve ist in Fig. 41 als Funktion der Klemmenspannung aufgezeichnet.

Zur Berechnung des Drehmoments gehen wir von der Grundgl. (28) aus, die lautete:

$$\vartheta = \frac{1}{2} \cdot \frac{1}{981} \cdot f_w \cdot \delta_1 \cdot \lambda^2 \cdot \omega \cdot R_m \; \frac{\alpha_1 \cdot \varrho \cdot w}{(\omega\, l)^2 + (\alpha_1 \cdot \varrho \cdot w)^2} \cdot B_{1\,max} \cdot B_{2\,max} \cdot \cos\gamma \;\; \text{cmgr.}$$

Die zur Berechnung nötigen Dimensionen des Versuchsinstruments sind:

$$\begin{aligned} \text{Äußerer Rotordurchmesser} &= 2{,}9 \text{ cm} \\ \text{innerer} \quad\quad\text{„}\quad\quad &= 2{,}8 \text{ cm} \end{aligned}$$

also der mittlere Radius des Rotors $R_m = 1{,}425$ cm, dann wird die Polteilung

$$\tau_1 = \frac{2 \cdot \pi \cdot R_m}{2} = 4{,}47 \text{ cm.}$$

Die Polbohrung beträgt 3,0 cm, so daß die Größe des Luftspaltes $\delta = 0{,}15$ cm und die Zylinderstärke $\delta_1 = 0{,}05$ cm wird.

Die wirksame Zylinderlänge konnte nicht genau ermittelt werden, da der Zylinder auf einer Seite für die Dämpfung verlängert war, doch soll dieselbe der Einfachheit halber auf beiden Seiten der Pole als gleich lang betrachtet werden[1]). Dann ergibt sich die Zylinderlänge zu $\lambda = 2{,}3$ cm und der spez. Widerstand werde für Aluminium zu $\varrho = 2{,}7 \cdot 10^3$ abs. Einheiten pro cm/cm² angenommen. Die Periodenzahl betrage wie bei den früheren Versuchen 50 Perioden/sek.

Mit diesen Werten können nun die einzelnen Faktoren der Drehmomentgleichung berechnet werden.

Die dem Rotorwiderstande proportionale Größe w berechnet sich zu:

---

[1]) In der Tabelle IX und in Fig. 41 ist außerdem noch die berechnete Drehmomentkurve unter Berücksichtigung der einseitigen Verlängerung des Rotors angegeben.

$$w = \frac{\lambda}{\tau_1} + \frac{\tau_1}{\lambda} = \frac{2,3}{4,47} + \frac{4,47}{2,3} = 0,515 + 1,94 = 2,455$$

und die dem Selbstinduktionskoeffizienten proportionale Größe zu

$$l = 4 \cdot \frac{\delta_1}{\delta} \cdot \lambda = 4 \cdot \frac{0,05}{0,15} \cdot 2,3 = 3,06.$$

Damit wird der Ausdruck

$$\frac{\alpha_1 \cdot \varrho \cdot w}{(\omega l)^2 + (\alpha_1 \cdot \varrho \cdot w)^2} = \frac{0,702 \cdot 2,7 \cdot 2,455 \cdot 10^3}{(314 \cdot 3,06)^2 + (0,702 \cdot 2,7 \cdot 2,455 \cdot 10^3)^2}$$
$$= 0,206 \cdot 10^{-3}.$$

Zur Berechnung des Wicklungsfaktors f_w nehmen wir an, daß das resultierende Feld beider Wechselfelder am Umfange des Rotors sinusförmig verteilt sei, so daß derselbe wird $f_w = \frac{2}{\pi}$. In Wirklichkeit wird zwar f_w größer sein, da das resultierende Feld nicht ganz sinusförmig ist. Der Verschiebungswinkel bzw. der Phasenabweichungswinkel von 90° wurde früher berechnet zu $\gamma = 3^\circ 46'$, so daß $\cos \gamma = 0,998$ wird.

Dann wird der konstante Teil der Drehmomentgleichung:

$$\frac{1}{2} \cdot \frac{1}{981} \cdot f_w \cdot \delta_1 \cdot \lambda^2 \cdot \omega \cdot R_m \cdot \cos \gamma = \frac{1}{2} \cdot \frac{1}{981} \cdot \frac{2}{\pi}$$
$$\cdot 0,05 \cdot 2,3^2 \cdot 314 \cdot 1,425 \cdot 0,998 = 0,0382.$$

Zur Ermittlung der Luftinduktion im Luftspalt B_l gehen wir von der bekannten Beziehung für synchrone Wechselstrommaschinen aus[1]):

$$\Phi = \alpha_i \cdot \tau_1 \cdot l_i \cdot B_l,$$

wobei α_i' den Füllfaktor und l_i die ideelle Pollänge einschließlich der Feldausbreitung im Luftspalt bedeuten.

Der Füllfaktor kann nach Arnold[2]) schätzungsweise zu

$$\alpha_i = \frac{1}{\tau_1} (\tau_0 + 2,5 \delta)$$

angenommen werden, wobei τ_0 die Polbreite bedeutet.

Die Pollänge beträgt $l_1 = 1,65$ cm, so daß l_i schätzungsweise $l_i = 2$ cm angenommen werden kann. Ferner ist die Polbreite $\tau_0 = 1,45$ cm oder jetzt

$$\alpha_i \cong 0,41.$$

<hr>

[1]) Arnold, Wechselstromtechnik, Bd. III, S. 238.

Die Werte der Luftinduktionen, sowie die daraus resultierenden Werte des Drehmoments sind in Tabelle VIII zusammengestellt.

Tabelle VIII.

P	Φ_1	Φ_2	$B_1\,l$	$B_2\,l$	ϑ
33	$0{,}1343\cdot10^4$	$0{,}0123\cdot10^4$	367	33,6	0,0975
43	$0{,}1716\cdot10^4$	$0{,}0166\cdot10^4$	468	45,4	0,168
54	$0{,}211\cdot10^4$	$0{,}0211\cdot10^4$	577	57,5	0,262
64	$0{,}256\cdot10^4$	$0{,}0249\cdot10^4$	698	68	0,376
75	$0{,}294\cdot10^4$	$0{,}0293\cdot10^4$	804	79,8	0,508
87	$0{,}346\cdot10^4$	$0{,}0337\cdot10^4$	945	92	0,689
99	$0{,}398\cdot10^4$	$0{,}0378\cdot10^4$	1085	103	0,885
110	$0{,}443\cdot10^4$	$0{,}0422\cdot10^4$	1210	115,5	1,105
124	$0{,}50\cdot10^4$	$0{,}0464\cdot10^4$	1365	127	1,37
136	$0{,}555\cdot10^4$	$0{,}0508\cdot10^4$	1515	139	1,665

Diese Werte des Drehmoments sind auch in Fig. 41 als Funktion der Spannung eingetragen. Darin erkennt man jedoch, daß das berechnete Drehmoment bedeutend größer ist als das experimentell ermittelte. Der Grund dieser Abweichung wird in der Größe der Felder zu suchen sein. Um dies zu zeigen, wurde das Drehmoment mit den experimentell ermittelten Werten der Felder berechnet, indem dieselben wie oben auf den Luftspalt reduziert wurden. Dabei wurde einmal ein auf beiden Seiten der Pole gleichlanger und ein zweites Mal ein einseitig verlängerter Rotor der Rechnung zugrunde gelegt [1]).

Die Werte dieser Berechnung sind in Tabelle IX zusammengestellt und ebenfalls in Fig. 41 eingetragen.

Wie aus diesen Kurven zu ersehen ist, gibt die aus den experimentellen Feldern berechnete Drehmomentkurve kleinere Werte als die wirkliche, so daß die oben angenommene Vermutung gerechtfertigt erscheint. Beachten wir jedoch, daß der Rechnung ein auf beiden Seiten der Pole gleichlanger Zylinder vorausgesetzt wurde, so wird auch ohne weiteres klar sein, daß

---

[1]) Bei dieser Berechnung wurde eine Rotorlänge von $\lambda = 2{,}6$ cm zugrunde gelegt. Die gesamte Länge des Rotors war bedeutend größer, jedoch war anzunehmen, daß sich die Strömungslinien nur bis in die Mitte des konstanten Dämpferfeldes erstreckten.

das berechnete Drehmoment kleiner als das experimentell ermittelte sein muß.

Außerdem sind die Werte des Sekundärfeldes sehr ungenau, da die genaue Bestimmung des entsprechenden Selbstinduktionskoeffizienten und auch diejenige der Felder ihrer außerordentlichen Kleinheit wegen sehr schwierig war. Beachtet man aber, daß eine Abweichung von einigen Prozenten in der Größe der Felder auch mindestens eine solche in der Größe des Drehmoments verursacht, so wird man erkennen, daß diese Drehmomentgleichungen für die Praxis recht gute Resultate liefern werden.

Tabelle IX.

P	Φ_1	Φ_2	B_{1l}	B_{2l}	ϑ_3	ϑ_4[1]
38,8	1220	—	334	—	—	—
54,2	1680	141	460	38,5	0,14	0,192
69,5	2150	174	588	47,5	0,221	0,304
84,8	2640	224	722	61,2	0,35	0,481
100	3150	245	860	67,0	0,456	0,628
115	3680	267	1005	72,2	0,573	0,79
130	4230	300	1155	82,0	0,75	1,03

Bei der Ermittlung der Fehlerkurven mit annähernd sinusförmigem Strom bzw. Spannung haben wir die Vermutung ausgesprochen, daß die Abnahme des positiven bzw. Zunahme des negativen Fehlers mit steigender Spannung auch mit der Veränderung des Verschiebungswinkels zwischen Rotorströmung und dem erzeugenden Feld in Zusammenhang zu bringen ist. Wir haben jedoch im Laufe der Untersuchungen gesehen, daß diese Erscheinung zum größten Teil mit der Veränderung der verschiedenen Faktoren der Wicklungen zusammenhängt, aber nichts gefunden, das die Veränderung des Verschiebungswinkels ψ bestätigen würde. Es wird deshalb nötig sein, auch die Versuche nach dieser Richtung auszudehnen, um einen eventuellen Einfluß feststellen zu können. Zu diesem Zwecke soll im folgenden die Größe des Winkels ψ experimentell ermittelt werden, wozu zwei verschiedene Wege offen waren, von denen jedoch nur der eine zu einem positiven Resultate führte.

Wie Max Wien[1]) gezeigt hat, lassen sich die Wirbelstromkonstanten der in der Nähe einer von Wechselstrom durchflossenen Spule liegenden Metallmasse mit Hilfe der von ihm angegebenen Kompensationsmethode bestimmen. Es lag deshalb auch in diesem Falle dieser Weg am nächsten, da er außer der Bestimmung des Winkels ψ auch noch die Ermittlung des Widerstandes und des Selbstinduktionskoeffizienten gestattet hätte. Wie jedoch Versuche gezeigt haben, ist dieser Weg nur dann mit Erfolg anwendbar, wenn die Spulen kein Eisen enthalten oder Wechselstrommeßinstrumente mit außergewöhnlich hoher Empfindlichkeit zur Verfügung stehen. Es wurde daher dieser Weg wieder nach vergeblichen Versuchen verlassen und mit Hilfe einer indirekten Methode die Bestimmung des Winkels ψ versucht. Dies gelang auch mit der Bestimmung der Felder wie früher, aber indem jetzt einmal die Felder ohne Rotor und ein zweites Mal mit Rotor bestimmt wurden. Auf große Genauigkeit wird diese Methode keinen Anspruch erheben können, aber doch einen Einblick in diese Verhältnisse gestatten. Zu gleicher Zeit wurde außerdem noch der Einfluß der Dämpfermagnete untersucht, indem diese Versuche einmal mit den seitlich angebrachten Dämpfermagneten und ein zweites Mal ohne dieselben ausgeführt wurden.

Die so erhaltenen Werte sind in Tabelle X und XI zusammengestellt und in Fig. 42 als Funktion der Spannung aufgetragen.

Die Felder beziehen sich dabei nur auf den Polquerschnitt und sind nicht auf den Luftspalt reduziert. Die Sekundärfelder sind dabei weggelassen worden, da sie ihrer außerordentlichen Kleinheit wegen zu Fehlern Anlaß geben und infolgedessen zu falschen Schlüssen führen würden.

Aus diesen letzten Versuchen erhalten wir nun das bemerkenswerte Ergebnis, daß das Rotorfeld nicht um 90^0, sondern um den Winkel $(90 + \psi)^0$ gegen das äußere Feld verschoben ist und infolgedessen die Strömung nicht selbstinduktionsfrei sein kann wie es früher allgemein angenommen wurde. Ferner erkennen wir, daß auch die Dämpfermagnete beim Primärfeld

---

[1]) Max Wien, Neuere Form der Induktionswage. Wiedemanns Annalen der Physik, Bd. 49, S. 306.

einen merkbaren Einfluß ausüben, so daß dieser sehr wahrscheinlich beim schwächeren Sekundärfeld noch stärker hervortritt.

Wie aus den Kurven der Fig. 42 zu ersehen ist, beeinflussen die Dämpfermagnete das Primärfeld ganz günstig, da dadurch die Kurve beinahe geradlinig geworden ist. Beim Sekundärfeld jedoch wird die Sache gerade umgekehrt sein,

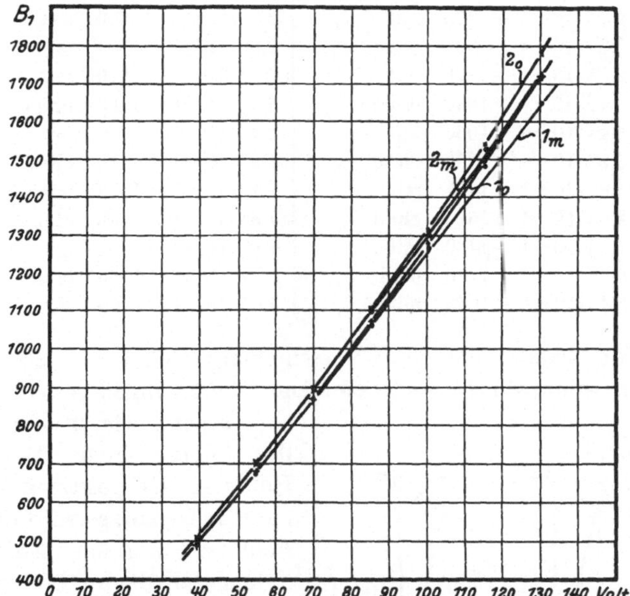

Fig. 42. Einfluß der Dämpfermagnete auf das Primärfeld.

1_0 und 1_m = Feld mit Dämpfermagnet mit und ohne Rotor.
2_0 und 2_m = Feld ohne Dämpfermagnet mit und ohne Rotor.

da dann die Kurve des Sekundärfeldes noch stärker abbiegen würde wie in Fig. 39 und dadurch auch das Drehmoment mit zunehmender Spannung immer mehr von der Proportionalität abweichen wird. Man sieht also daraus, daß es immer günstiger ist, die Dämpfermagnete außerhalb des Wirkungsbereiches der Felder anzuordnen, da sonst bei einer noch so sorgfältigen Anordnung immer eine Beeinflussung vorhanden ist.

Tabelle X.   Tabelle XI.

P	Mit Dämpfermagnet			Ohne Dämpfermagnet		
	Strom in den Prüfspulen	Feld	Bemerkungen	Strom in den Prüfspulen	Feld	Bemerkungen
38,8	$1,64 \cdot 10-4$	506	ohne Rotor	$1,64 \cdot 10-4$	506	ohne Rotor
	$1,615 \cdot 10-4$	498	mit „	$1,585 \cdot 10-4$	490	mit „
54,2	$2,27 \cdot 10-4$	702	ohne „	$2,27 \cdot 10-4$	702	ohne „
	$2,18 \cdot 10-4$	673	mit „	$2,2 \cdot 10-4$	680	mit „
69,5	$2,89 \cdot 10-4$	894	ohne „	$2,89 \cdot 10-4$	894	ohne „
	$2,81 \cdot 10-4$	870	mit „	$2,81 \cdot 10-4$	870	mit „
84,7	$3,55 \cdot 10-4$	1098	ohne „	$3,57 \cdot 10-4$	1103	ohne „
	$3,44 \cdot 10-4$	1060	mit „	$3,46 \cdot 10-4$	1070	mit „
99,9	$4,22 \cdot 10-4$	1300	ohne „	$4,23 \cdot 10-4$	1310	ohne „
	$4,09 \cdot 10-4$	1265	mit „	$4,12 \cdot 10-4$	1275	mit „
115	$4,93 \cdot 10-4$	1525	ohne „	$4,96 \cdot 10-4$	1535	ohne „
	$4,79 \cdot 10-4$	1480	mit „	$4,81 \cdot 10-4$	1490	mit „
130	$5,65 \cdot 10-4$	1720	ohne „	$5,74 \cdot 10-4$	1780	ohne „
	$5,48 \cdot 10-4$	1645	mit „	$5,65 \cdot 10-4$	1720	mit „

Nun kann auch der Verschiebungswinkel ψ berechnet werden, wenn wir folgende einfache Überlegungen beachten.

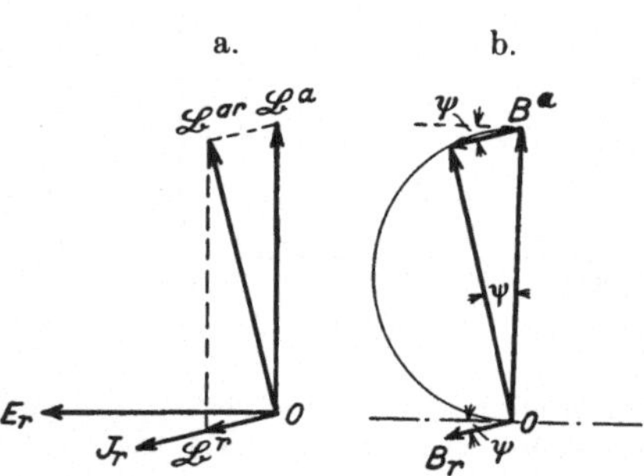

Fig. 43. Diagramm der treibenden Felder im Luftspalt.

Tragen wir in Fig. 43a das äußere Feld $\mathfrak{B}^a$ ohne Rotor in der positiven Ordinatenachse auf, so wird dieses Feld im Rotor eine EMK E_s induzieren, die um 90^0 gegen dieses Feld verzögert ist. Dieser EMK E_s zufolge wird im Rotor eine Strömung J_s erzeugt, die um den Winkel ψ gegen dieselbe verzögert ist. Dieser Strom erzeugt aber ein Feld, das in Phase mit dem Strom ist, da kein Eisen vorhanden ist, so daß jetzt ein resultierendes Feld $\mathfrak{B}^{ar}$ entsteht, das als treibendes Feld zu betrachten ist. Da nun der Winkel zwischen E_s und J_s auch gleich dem zwischen $\mathfrak{B}^{ar}$ und $\mathfrak{B}^a$ ist, so können wir jetzt in Fig. 43b über dem Feldvektor $\mathfrak{B}^a$ einen Kreis schlagen und den Feldvektor $\mathfrak{B}^{ar}$ vom Ursprung aus auftragen, wodurch sich der Winkel ψ berechnet aus $\cos\psi = \dfrac{\mathfrak{B}^{ar}}{\mathfrak{B}^{a}}$.

Diese so berechneten Werte sind in Tabelle XII mit und ohne Dämpfermagnete eingetragen.

Tabelle XII.

P	$\mathfrak{B}^{a}$	$\mathfrak{B}^{ar}$	$\cos\psi$	ψ	ψ_{mittel}	Bemerk.
38,8	506	498	0,985	9° 56′		
54,2	702	673	0,96	16° 16′		
69,5	894	870	0,984	10° 15′		
84,7	1098	1060	0,966	14° 59′	13° 40′	Mit Dämpfermagnet
99,9	1300	1265	0,973	13° 21′		
115	1525	1480	0,97	14° 4′		
130	1720	1645	0,957	16° 52′		
38,8	506	490	0,97	14° 4′		
54,2	702	680	0,97	14° 4′		
69,5	894	870	0,972	13° 35′		
84,7	1103	1070	0,97	14° 4′	13° 56′	Ohne Dämpfermagnet
99,9	1310	1275	0,974	13° 6′		
115	1535	1490	0,971	13° 50′		
130	1780	1720	0,967	14° 46′		

Aus dieser Tabelle ersehen wir, daß der Verschiebungswinkel bei angebrachten Dämpfermagneten die Tendenz zeigt etwas zu wachsen, währenddem er ohne dieselben beinahe konstant bleibt. Der Unterschied zwischen beiden ist jedoch nicht wesentlich und kann vernachlässigt werden.

Theoretisch kann dieser Winkel berechnet werden aus:

$$\cos\psi = \frac{\alpha_1 \cdot \varrho \cdot w}{\sqrt{(\omega \cdot l)^2 + (\alpha_1 \cdot \varrho \cdot w)^2}}$$

$$= \frac{0,702 \cdot 2,7 \cdot 2,455 \cdot 10^3}{\sqrt{(314 \cdot 3,06)^2 + (0,702 \cdot 2,7 \cdot 2,455 \cdot 10^3)^2}} = 0,977$$

oder　　$\psi = 12° 19′$.

Dabei wird also der experimentell ermittelte Winkel ψ größer als der aus den Konstruktionsdaten berechnete. Der Grund dieser Abweichung ist jedoch in der einseitigen Ver-

längerung des Rotors zu suchen, weil bei obiger Rechnung die
einseitige Verlängerung des Rotors nicht berücksichtigt wurde.
Mit Berücksichtigung der einseitigen Verlängerung des Rotors
würde sich dieser Winkel ergeben zu:

$$\cos \psi = \frac{0,702 \cdot 2,7 \cdot 2,301 \cdot 10^3}{\sqrt{(314 \cdot 3,47)^2 + (0,702 \cdot 2,7 \cdot 2,301 \cdot 10^3)^2}} = 0.97$$

oder $\psi = 14^0\, 4'$.

Damit ist also der berechnete Wert von ψ dem experimentell ermittelten wesentlich näher gerückt, so daß auch in
diesem Punkte die Theorie mit den experimentell ermittelten
Werten übereinstimmt.

Schon früher wurde darauf hingewiesen, daß ein anderer
Autor auch an einem Zähler feststellte, daß die Rotorströmung
nicht selbstinduktionsfrei ist[1]. Dabei zeigte es sich jedoch,
daß dieser Winkel nicht konstant war, sondern mit wachsender
Stromstärke abnahm. Dieses Resultat erhalten wir aber auch
aus unserer Theorie, denn mit wachsender Stromstärke, d. h.
mit wachsender Rotorgeschwindigkeit muß auch die Rotor-
reaktanz abnehmen, da ja auch die Schlüpfung abnehmen
wird. Aus diesen Untersuchungen erhalten wir nun das wichtige Resultat, daß bei direktzeigenden Instrumenten die Angaben derselben durch diese Verschiebung nicht beeinflußt
werden, wohl aber bei Zählern.

Man wird deshalb bei Zählern in der Drehmomentgleichung
nicht ohne weiteres $s = 2 - s = 1$ setzen dürfen, da sonst die
Veränderung des Verschiebungswinkels nicht berücksichtigt
würde und diese im allgemeinen bei Zählern nicht zu vernachlässigen ist, wie auch aus den Versuchen von Brückmann
hervorgeht.

Bei der Ermittlung der Fehlerkurven bei verzerrten
Spannungskurven haben wir gesehen, daß mit wachsender Verzerrung der negative Fehler rasch zunimmt. Diese Erscheinung
wurde mit Hilfe der abgeleiteten Gleichungen für verzerrte
Kurvenformen dahin erklärt, daß die Abnahme des Drehmoments
auf das Wachsen der negativen Glieder der höheren Harmonischen zurückzuführen sei. Für die Richtigkeit dieser An-

---

[1] Brückmann, E.T.Z. 1910, S. 859.

nahme ist aber durch die Fehlerkurven der Fig. 30 und 31 keineswegs der genaue Beweis erbracht, so daß im folgenden auch die Untersuchungen nach dieser Richtung noch ausgedehnt werden sollen.

Um deshalb einen besseren Einblick in die Arbeitsweise dieser Apparate bei verzerrten Kurvenformen zu erhalten, wurden wie früher die Felder mit und ohne Rotor ermittelt. Zu diesem Zwecke mußten zuerst der EMK-Faktor und die Impedanz des Dynamometers bei den verschiedenen Kurvenformen ermittelt werden.

Die Änderung der Impedanz des Dynamometers bei verschiedenen Kurvenformen war sehr gering, so daß dieselbe als annähernd konstant wie früher betrachtet werden konnte.

Die Untersuchungen erfolgten bei den in Fig. 29 wiedergegebenen Kurvenformen. Die Spannungen beider in Serie geschalteten Maschinen wurden während allen Untersuchungen konstant gehalten und die Änderung derselben am Versuchsinstrument durch Spannungsteiler bewirkt.

Die Planimetrierung der Spannungskurve (Fig. 29_3) ergab als Mittelwert einen Flächeninhalt von 8,25 cm². Die Polteilung im Diagramm betrug 5,4 cm. Dadurch wird der Mittelwert der Spannung in cm:

$$E_{mittel} = \frac{8,25}{5,4} = 1,525 \text{ cm}.$$

Um den Maßstab im Oszillogramm bestimmen zu können, wurde dem Oszillographen eine bekannte Gleichspannung aufgedrückt, so daß dieselbe eine gerade Linie ergab, dessen Abstand von der Nullachse der aufgedrückten Spannung entsprach. Die aufgedrückte Gleichspannung betrug dabei 98,1 Volt und der Abstand von der Nullinie 1,56 cm, so daß also im Diagramm 1 cm = 62,9 Volt darstellt. Der Effektivwert der Wechselspannung betrug am geeichten Voltmeter 99,85 Volt und der aus dem Diagramm ermittelte Mittelwert 95,8 Volt, so daß also der EMK-Faktor wird:

$$f_E = \frac{E_{eff.}}{E_{mit.}} = \frac{99,85}{95,8} = 1,04.$$

In derselben Weise wurde auch der EMK-Faktor der Spannungskurve (Fig. 29_4) ermittelt. Der Flächeninhalt dieser

Kurve ergab 7,35 cm²; die Gleichspannung betrug 98,1 Volt und dessen Abstand von der Nullachse 1,56 cm, so daß also auch hier 1 cm $= 62{,}9$ Volt darstellt.

Der Effektivwert betrug 99,85 Volt und der Mittelwert 85,6 Volt, so daß der EMK-Faktor wird:

$$f_E = \frac{99{,}85}{85{,}6} = 1{,}165.$$

Nachdem nun diese Faktoren bekannt sind, können auch die Felder aus den in den Prüfspulen fließenden Strömen ermittelt werden aus:

$$B = \frac{E \cdot 10^8}{4 \cdot f_E \cdot c \cdot w_p \cdot Q_l} = \frac{J_p \cdot z_D \cdot 10^8}{4 \cdot f_E \cdot c \cdot w_p \cdot Q_l}.$$

Dabei wurde sowohl das Primärfeld als auch das Sekundärfeld ermittelt, um einen guten Einblick in die Verhältnisse zu erhalten.

Bei diesen Untersuchungen wurden alle Metallteile, die sich als überflüssig erwiesen, aus der Nähe der Wechselfelder entfernt, also auch die Dämpfermagnete, um dadurch Störungen zu vermeiden.

Die aus diesen Versuchen ermittelten Felder sind für die Oszillogramme der Fig. 29_3 und 29_4 in Tabelle XIII und XIV zusammengestellt. Darin sind gleichzeitig noch die Verschiebungswinkel zwischen dem Erregerfeld und dem resultierenden Feld aus Erreger- und Rotorfeld angegeben.

Tabelle XIII.

P	$\mathfrak{B}_1^{a}$	$\mathfrak{B}_1^{ar}$	$\cos\psi_1$	ψ_1	$\mathfrak{B}_2^{a}$	$\mathfrak{B}_2^{ar}$	$\cos\psi_2$	ψ_2
38,8	542	520	0,958	16° 40′	—	—	—	—
54,2	750	722	0,962	15° 51′	77	64	0,83	33° 54′
69,5	955	920	0,962	15° 51′	99	88,8	0,897	26° 14′
84,7	1170	1125	0,962	15° 51′	113	99	0,876	28° 50′
99,9	1400	1350	0,964	15° 25′	133	118	0,887	27° 30′
115	1640	1575	0,96	16° 16′	140	133	0,95	18° 12′
130	1885	1800	0,955	17° 15′	160	148	0,92	23° 4′

Werden noch diese Werte beider Tabellen XIII und XIV als Funktion der Klemmenspannung aufgetragen, so erhält man die in Fig. 44 aufgezeichneten Kurven, worin auch zu erkennen ist, daß das Primärfeld mit wachsender Verzerrung der Spannungskurven kleiner und das Sekundärfeld größer wird. Außerdem erkennt man, daß der primäre Verschiebungswinkel mit wachsender Kurvenverzerrung größer wird, währenddem der

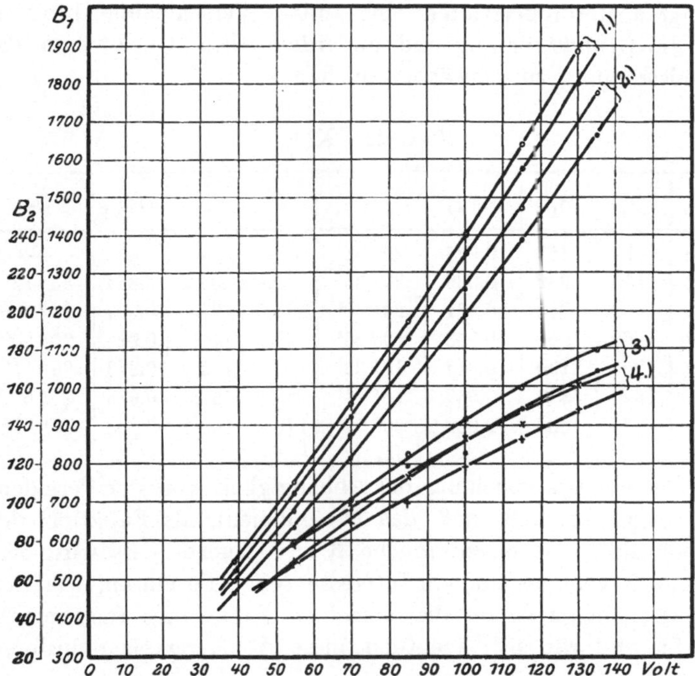

Fig. 44. Primär- und Sekundärfelder bei verschiedenen Kurvenformen.

Kurven 1 und 3 bei Oscillogramm 3 der Fig. 29 aufgenommen.
Kurven 2 und 4 bei Oscillogramm 4 der Fig. 29 aufgenommen.

sekundäre eher die Tendenz zeigt abzunehmen. Auffallend ist ferner noch, daß der sekundäre Verschiebungswinkel beträchtlich größer als der primäre ist. Dies wird in erster Linie eine Folge der ungleichmäßigen Stromverteilung im Rotor sein, wobei jedoch auch die Streuung des beträchtlich größeren Primärfeldes beteiligt sein wird.

Man sieht also auch wieder aus diesen Versuchen, daß die

Empfindlichkeit gegen Schwankungen der Kurvenform reduziert werden kann, wenn beide Felder gleiche Stärke erhalten, denn dadurch wird einer Abnahme des Primärfeldes eine gleich große Zunahme des Sekundärfeldes entsprechen, so daß der Einfluß auf das Drehmoment gemildert wird. Ganz wird man ihn jedoch nie beseitigen können, da die von den Oberfeldern erzeugten Rotoroberströme eine andere Verschiebung besitzen wie die Grundströmung und außerdem diese Oberströme die Grundströmung zu schwächen suchen.

Tabelle XIV.

P	$\mathfrak{B}_1^a$	$\mathfrak{B}_1^{ar}$	$\cos\psi_1$	ψ_1	$\mathfrak{B}_2^a$	$\mathfrak{B}_2^{ar}$	$\cos\psi_2$	ψ_2
38,8	494	462	0,934	$20^0\,56'$	—	—	—	—
54,2	675	632	0,936	$20^0\,36'$	79,4	68,7	0,864	$30^0\,13'$
69,5	872	813	0,931	$24^0\,30'$	104,5	97	0,927	$22^0\,2'$
84,7	1060	1000	0,943	$19^0\,26'$	125	119	0,91	$24^0\,30'$
99,9	1255	1190	0,948	$18^0\,33'$	143	125	0,873	$29^0\,11'$
115	1470	1390	0,947	$18^0\,44'$	159	148,5	0,933	$21^0\,6'$
135	1775	1665	0,938	$20^0\,17'$	179	168	0,938	$20^0\,17^0$

Bei der Untersuchung der Abhängigkeit von der Periodenzahl zeigte es sich, daß das Drehmoment als Funktion der Periodenzahl eine eigentümliche Kurve lieferte. Es wird deshalb noch von besonderem Interesse sein zu erfahren, wie sich diese Abhängigkeit auf die einzelnen Kreise des Instruments verteilt und wie sich eventuell diese Abhängigkeit reduzieren läßt.

Aus der Theorie der Wechselströme ist bekannt, daß bei Stromkreisen, die Selbstinduktion enthalten, mit wachsender Periodenzahl die Impedanz zunimmt. Auch in unserem Falle haben wir früher gesehen, daß sich diese Erscheinung in einer eigentümlichen Form der Abhängigkeit des Drehmoments äußert. Es wird im vornherein klar sein, daß diese Erscheinung zum größten Teil durch die Erregerwicklung bedingt ist; daß jedoch auch der Rotor daran wesentlich beteiligt ist, kann aus diesen Versuchen nicht bestätigt werden und möge dieselbe deshalb am Schlusse einer theoretischen Untersuchung unterzogen werden.

Im folgenden soll nun untersucht werden, wie sich diese

Erscheinung bei den Feldern bemerkbar macht. Wir kommen deshalb auch hier am schnellsten zum Ziele, wenn wir die Felder als Funktion der Periodenzahl bestimmen, und zwar das eine Mal mit Rotor und das andere Mal ohne Rotor, um auch gleichzeitig den Einfluß des Rotorfeldes feststellen zu können.

Zu diesem Zwecke wurde wie früher bei konstanter Spannung und veränderlicher Periodenzahl das Feld am Rande der Pole mit Prüfspulen und Spiegeldynamometer ermittelt. Dazu ist aber bei jeder Periodenzahl die genaue Kenntnis der jeweiligen Impedanz des Dynamometers erforderlich, die infolge der Veränderung des Selbstinduktionskoeffizienten durch den Ausschlag nicht während ein und derselben Periodenzahl konstant bleibt. Da aber diese Messungen nicht als Präzisionsmessungen gelten sollen, so wird man auch den Selbstinduktionskoeffizienten des Dynamometers als konstant ansehen dürfen, da ja ohnedies derselbe sehr klein und bei den verwendeten Periodenzahlen ohne großen Einfluß auf die Gesamtimpedanz des Dynamometers ist. Der durch die Wheatstonesche Brücke für Wechselstrom ermittelte Selbstinduktionskoeffizient ergab sich zu 0,1075 Henry und der Ohmsche Widerstand zu 659 Ohm.

Dann wird die Impedanz des Dynamometers bei den verwendeten Periodenzahlen die in Tabelle XV zusammengestellten Werte annehmen.

Tabelle XV.

Periodenzahl	Impedanz	Periodenzahl	Impedanz
10	659	90	662
20	659,2	100	662,5
30	659,4	110	663
40	659,7	120	663,7
50	660	130	665
60	660,5	140	666
70	661	150	667
80	661,5		

Die Veränderung der Impedanz ist also sehr gering, soll aber doch berücksichtigt werden, da außerdem noch mit steigender Periodenzahl die sehr kleine Impedanz der Prüfspulen auch verändert wird, die wir jedoch ganz vernachlässigen. Da nun bei den folgenden Versuchen auch das Sekundärfeld bestimmt und, wie wir früher gesehen haben, dasselbe sehr kleine Werte besitzt, so wurde dasselbe dadurch vergrößert, daß der sekundäre Vorschaltwiderstand verkleinert wurde. Dabei war der sekundäre Vorschaltwiderstand $r = 1{,}61$ Ohm. Außer den Feldern wurde auch bei dieser Anordnung das Drehmoment ermittelt, indem über die Aluminiumtrommel ein Seidenfaden geschlungen und kleine Gewichte angehängt wurden.

Die aus diesen Versuchen erhaltenen Werte sind in Tabelle XVI zusammengestellt und in Fig. 45 als Funktion der Periodenzahl aufgetragen.

Tabelle XVI.

Periodenzahl	ϑ	Strom in den Prüfspulen				Werte der Felder			
		mit Rotor		ohne Rotor		mit Rotor		ohne Rotor	
		primär	sekundär	primär	sekundär	primär	sekundär	primär	sekundär
15	0,94	$3{,}92\cdot10^{-4}$	—	$3{,}94\cdot10^{-4}$	$0{,}134\cdot10^{-4}$	4040	—	4060	138
20	1,015	$4{,}1\cdot10^{-4}$	—	$4{,}18\cdot10^{-4}$	$0{,}232\cdot10^{-4}$	3170	—	3230	179
30	1,29	$4{,}21\cdot10^{-4}$	$0{,}355\cdot10^{-4}$	$4{,}3\cdot10^{-4}$	$0{,}379\cdot10^{-4}$	2165	183	2210	195
40	1,275	$4{,}21\cdot10^{-4}$	$0{,}462\cdot10^{-4}$	$4{,}325\cdot10^{-4}$	$0{,}502\cdot10^{-4}$	1620	184,5	1670	195
50	1,22	$4{,}23\cdot10^{-4}$	$0{,}6\cdot10^{-4}$	$4{,}37\cdot10^{-4}$	$0{,}628\cdot10^{-4}$	1310	186	1350	195
60	1,12	$4{,}3\cdot10^{-4}$	$0{,}63\cdot10^{-4}$	$4{,}47\cdot10^{-4}$	$0{,}67\cdot10^{-4}$	1110	172	1155	182
70	1,042	$4{,}32\cdot10^{-4}$	$0{,}733\cdot10^{-4}$	$4{,}58\cdot10^{-4}$	$0{,}791\cdot10^{-4}$	955	162,5	1015	175
80	0,957	$4{,}365\cdot10^{-4}$	$0{,}791\cdot10^{-4}$	$4{,}68\cdot10^{-4}$	$0{,}868\cdot10^{-4}$	846	153,5	907	168
90	0,87	$4{,}365\cdot10^{-4}$	$0{,}87\cdot10^{-4}$	$4{,}76\cdot10^{-4}$	$0{,}945\cdot10^{-4}$	752	150	820	163
100	0,797	$4{,}38\cdot10^{-4}$	$0{,}889\cdot10^{-4}$	$4{,}81\cdot10^{-4}$	$0{,}993\cdot10^{-4}$	680	137,5	787	153,5
110	0,71	$4{,}42\cdot10^{-4}$	$0{,}927\cdot10^{-4}$	$4{,}875\cdot10^{-4}$	$1{,}035\cdot10^{-4}$	623	131	688	145,5
120	0,681	$4{,}38\cdot10^{-4}$	$0{,}965\cdot10^{-4}$	$4{,}93\cdot10^{-4}$	$1{,}07\cdot10^{-4}$	569	124,5	640	138,5
130	0,595	$4{,}37\cdot10^{-4}$	$0{,}973\cdot10^{-4}$	$4{,}95\cdot10^{-4}$	$1{,}105\cdot10^{-4}$	525	116,5	593	132,5
140	0,580	$4{,}36\cdot10^{-4}$	$0{,}993\cdot10^{-4}$	$4{,}96\cdot10^{-4}$	$1{,}14\cdot10^{-4}$	487	110,5	553	126,5
150	0,507	$4{,}3\cdot10^{-4}$	$1{,}0\cdot10^{-4}$	$4{,}96\cdot10^{-4}$	$1{,}145\cdot10^{-4}$	448	104,5	516	120

Das Sekundärfeld zeigt einen ähnlichen Verlauf wie das Drehmoment, währenddem das Primärfeld mit der Periodenzahl zuerst schnell und dann langsam abnimmt. Daraus erkennt man, daß die Form der Drehmomentkurve bei dieser

Schaltung hauptsächlich nur von der Form des Sekundärfeldes abhängt. Das Maximum wird jedoch nicht bei demselben des Sekundärfeldes auftreten, da ja das Primärfeld stetig abnimmt, wie aus den Kurven der Fig. 45 ersichtlich ist. Damit jedoch

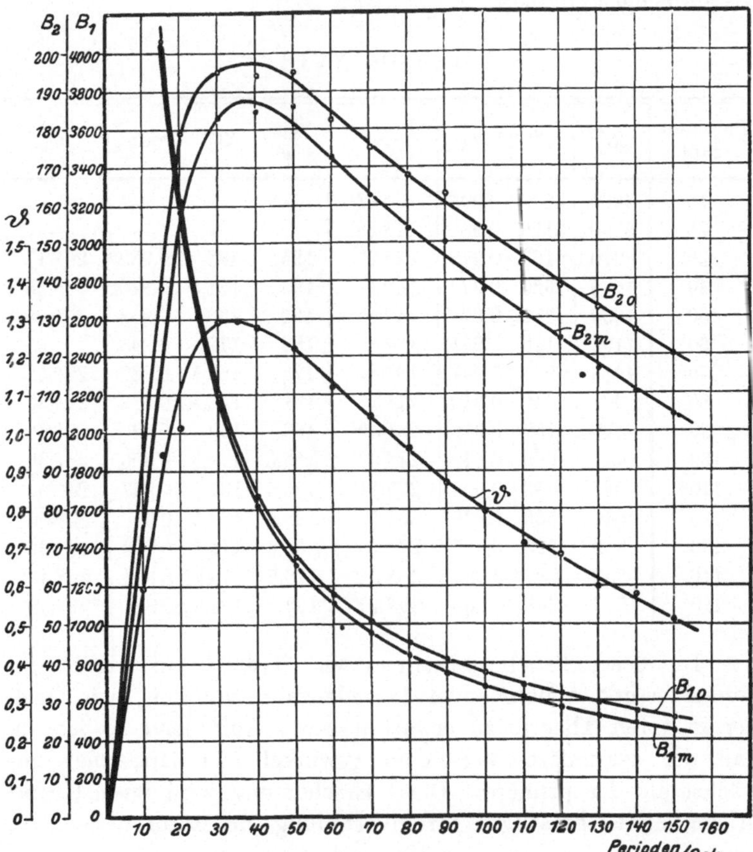

Fig. 45. Primär- und Sekundärfelder als Funktion der Periodenzahl.
B_{20} und B_{10} ohne Rotor.　　　B_{2m} und B_{1m} mit Rotor.

dieses Maximum des Drehmoments bei derjenigen Periodenzahl auftritt, für welche das Instrument gebraucht wird, so muß der Transformator samt Sekundärwicklung des Instruments so dimensioniert werden, daß sich Primär- und Sekundärfeld das

Gleichgewicht halten, d. h. einer Abnahme des Primärfeldes muß eine äquivalente Zunahme des Sekundärfeldes entsprechen.

Aus der Tabelle XVI kann jetzt auch noch der Verschiebungswinkel ψ berechnet werden, deren Werte in Tabelle XVII zusammengestellt sind.

Tabelle XVII.

Perioden-zahl	$\mathfrak{B}_1^a$	$\mathfrak{B}_1^{ar}$	$\cos\psi_1$	ψ'_1	$\mathfrak{B}_2^a$	$\mathfrak{B}_2^{ar}$	$\cos\psi_2$	ψ'_2
15	4060	4040	0,995	5°44′	—	—	—	—
20	3230	3170	0,98	11°28′	—	—	—	—
30	2210	2165	0,978	12°2′	195	183	0,938	20°17′
40	1670	1620	0,97	14°4′	195	184,5	0,946	18°55′
50	1350	1310	0,97	14°4′	195	186	0,953	17°38′
60	1155	1110	0,961	16°3′	182	172	0,945	19°5′
70	1015.	955	0,941	19°47′	175	162,5	0,927	22°5′
80	907	846	0,932	21°15′	168	153,5	0,913	24°5′
90	820	752	0,916	23°39′	163	150	0,92	23°4′
100	747	680	0,91	24°30′	153,5	137,5	0,895	26°30′
110	688	623	0,905	25°11′	145,5	131	0,907	24°54′
120	640	569	0,873	29°12′	138,5	124,5	0,9	25°50′
130	593	525	0,885	27°45′	132,5	116,5	0,879	28°29′
140	553	587	0,88	28°22′	126,5	110,5	0,874	29°4′
150	516	448	0,868	29°46′	102	104,5	0,87	29°32′

In dieser Tabelle erkennen wir, daß der Verschiebungswinkel ψ mit zunehmender Periodenzahl zunimmt, wie nach der früheren Theorie zu erwarten war. Auffallend ist jedoch, daß der sekundäre Verschiebungswinkel viel langsamer anwächst als der primäre. Diese Erscheinung wird ihren Grund in der ungleichmäßigen Stromverteilung im Rotor haben, da jeder Stromfaden der vom Sekundärfeld erzeugten Strömung eine kleinere Ausbreitung besitzt als diejenigen der vom Primärfeld erzeugten Strömung.

Daher wird auch die zahlenmäßige Berechnung des Drehmoments bei beliebiger Feldform nicht zum gleichen Resultate führen, wie die experimentelle Ermittlung desselben, da in unserer Theorie die ungleichmäßige Stromverteilung nur durch einen Korrektionsfaktor berücksichtigt wurde.

Bei den früheren Untersuchungen wurde schon darauf hingewiesen, daß durch die einseitige Verlängerung des Rotors noch ein zusätzliches Drehmoment entsteht, wenn wir unserer Rechnung nur eine gleichseitige Rotorlänge, von der Polmitte aus gerechnet, zu Grunde legen. Es soll deshalb noch die Größenordnung des durch diese einseitige Verlängerung verursachten Drehmoments ermittelt werden.

Zu diesem Zwecke wurde das Drehmoment für zwei verschiedene Rotoren experimentell bestimmt, und zwar das eine Mal mit einem Rotor, dessen Länge in bezug auf die Polmitte symmetrisch ist, und ein zweites Mal mit einem einseitig verlängerten. Da aber zu diesen Untersuchungen kein geeigneter Aluminiumzylinder beschafft werden konnte, wurden zwei solche aus Messing hergestellt. Nun ist aber der spezifische Widerstand von Messing ziemlich großen Schwankungen unterworfen, so daß bei der zahlenmäßigen Berechnung des Drehmoments dasselbe für die meist üblichen Grenzen des spez. Widerstandes berechnet werden soll.

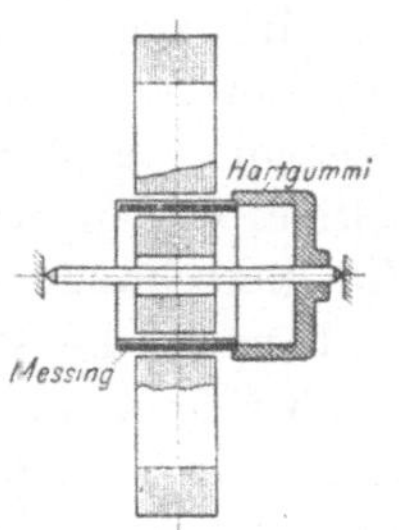

Fig. 46. Anordnung mit beiderseitig gleich langem Rotor.

Zur Bestimmung des Drehmoments mit dem in bezug auf die Polmitte symmetrischen Zylinder wurde derselbe auf einer Seite in einem Hartgummiring gefaßt auf der Achse befestigt, wie dies aus Fig. 46 ersichtlich ist, um dadurch eine eindeutig bestimmte Rotorlänge zu erhalten.

Die ganze Länge dieses Zylinders betrug 2,5 cm und die Wandstärke beider Zylinder war 0,05 ccm. Für den einseitig verlängerten Zylinder betrug die kürzere Seite, von der Polmitte aus gerechnet, 1,25 cm, entsprechend der Hälfte des kürzeren Zylinders. Bei diesen Versuchen betrug der sekundäre Vorschaltwiderstand 1,91 Ohm, um ein starkes Sekundärfeld zu erhalten.

Die aus diesen Versuchen erhaltenen Werte des Drehmoments als Funktion der Klemmenspannung sind in Tabelle XVIII und XIX zusammengestellt, wobei die erstere die Werte des kürzeren Zylinders und die zweite diejenigen des längeren Zylinders enthält.

Tabelle XVIII.

P	Gewichte g	ϑ_2
31,9	0,02	0,032
46	0,04	0,066
58,3	0,07	0,1135
69,5	0,1	0,165
85,8	0,15	0,248
100,9	0,21	0,347
114	0,28	0,463
128,1	0,35	0,578

Tabelle XIX.

P	Gewichte g	ϑ_2
30	0,03	0,0442
40,8	0,06	0,0883
56,4	0,1	0,1475
68,5	0,17	0,25
82,8	0,24	0,354
99,9	0,36	0,53
112	0,45	0,663
127	0,58	0,854

Hieraus ist zu erkennen, daß diese einseitige Verlängerung des Rotors einen erheblichen Einfluß auf die Größe des Drehmoments ausübt und bei der Berechnung desselben die einseitige Verlängerung des Rotors in Betracht zu ziehen ist. Zur Berechnung des Drehmoments mit dem kürzeren Zylinder sind noch die Werte der Felder bei einem sekundären Vorschaltwiderstand von 1,61 Ohm erforderlich, die wieder mit Hilfe von Prüfspulen und Spiegeldynamometer ermittelt wurden. Dieselben sind in Tabelle XX zusammengestellt, wobei auch zugleich die auf den Luftspalt reduzierten Induktionen angegeben sind.

Tabelle XX.

P	Φ_1	Φ_2	B_{1l}	B_{2l}
29	865	121,5	236	33,1
38,8	1170	161	319	43,9
49,1	1480	198	403	53,9
59,3	1760	234	480	63,8
69,5	2130	274	580	74,7
79,7	2450	317	667	86,4
89,8	2710	346	739	94,3
99,9	3080	400	840	109
110	3400	447	927	121,5
120	3730	489	1015	133

Mit diesen Werten der Felder wurde nun das Drehmoment berechnet, und zwar mit den spez. Widerständen $\varrho_1 = 6,5 \cdot 10^3$

und $\varrho_3 = 8,5 \cdot 10^3$ abs. Einheiten. Die Phasenabweichung der Felder von 90^0 wird in diesem Falle:

$$\operatorname{cotg}\gamma = \frac{r_2}{\omega L_2} = \frac{2,41}{314 \cdot 0,001\,35} = 0,568 \quad \text{oder} \quad \gamma = 9^0\,59',$$

somit ist $$\cos\gamma = \cos(9^0\,59') \approx 0,98.$$

Das konstante Glied der Drehmomentgleichung wird:

$$k_1 = \frac{1}{2} \cdot \frac{1}{981} \cdot f_w \cdot \delta_1 \cdot \lambda^2 \cdot \omega \cdot R_m \frac{\alpha_1 \cdot \varrho_1 \cdot w}{(\omega \cdot l)^2 + (\alpha_1 \cdot \varrho_1 \cdot w)^2} \cdot \cos\gamma$$
$$= 4,13 \cdot 10^{-6}$$

$$k_3 = \frac{1}{2} \cdot \frac{1}{981} \cdot f_w \cdot \delta_1 \cdot \lambda^2 \cdot \omega \cdot R_m \frac{\alpha_1 \cdot \varrho_3 \cdot w}{(\omega \cdot l)^2 + (\alpha_1 \cdot \varrho_3 \cdot w)^2} \cdot \cos\gamma$$
$$= 3,14 \cdot 10^{-6}.$$

Die Drehmomente berechnen sich nun aus:

$$\vartheta_1 = k_1 \cdot B_{1\,l} \cdot B_{2\,l} \quad \text{und} \quad \vartheta_3 = k_3 \cdot B_{1\,l} \cdot B_{2\,l},$$

wobei die in Tabelle XX ermittelten Werte der Felder einzusetzen sind.

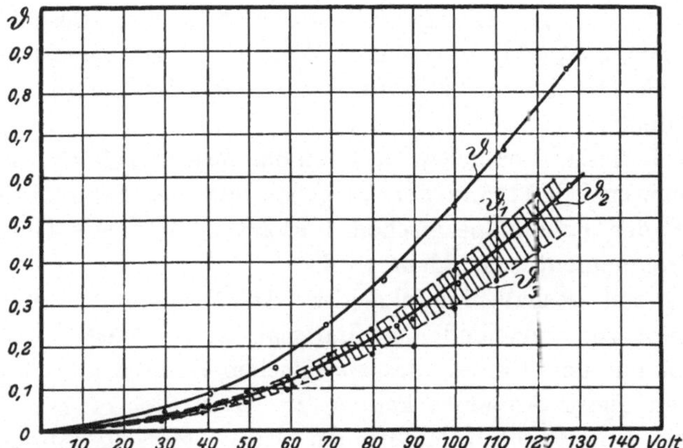

Fig. 47. Drehmomente als Funktion der Spannung für Messingzylinder verschiedener Länge und verschiedene spez. Widerstände.

Diese Werte der Drehmomente sind in Tabelle XXI zusammengestellt und in Fig. 47 mit den Werten der Tabellen XVIII und XIX als Funktion der Spannung aufgetragen.

$$\text{Tabelle XXI.}$$

P	ϑ_1	ϑ_3
29,0	0,0323	0,0246
38,8	0,0578	0,044
49,1	0,09	0,0684
59,3	0,1265	0,0962
69,5	0,179	0,136
79,7	0,238	0,181
89,8	0,258	0,196
99,9	0,379	0,288
110,0	0,466	0,354
120,0	0,56	0,425

Aus diesen Kurven der Fig. 47 ersehen wir jetzt, daß die berechneten Drehmomente mit diesen beiden spezifischen Widerständen dem wirklichen sehr nahe kommen und daß der spezifische Widerstand dieses Zylinders jedenfalls näher an der oberen Grenze liegt. Damit ist aber auch die Richtigkeit der abgeleiteten Gleichungen als bewiesen zu betrachten.

Für einseitig verlängerte Rotoren wird man deshalb einfach einen entsprechend größeren Wert für λ einzusetzen haben, um auch für diesen Fall annähernd auf den richtigen Wert zu kommen.

Bei diesen Versuchen mit einem Messingzylinder ist bemerkenswert, daß trotz der Vergrößerung des Sekundärfeldes, infolge des hohen spezifischen Widerstandes dieses Materials, das Drehmoment sehr klein wird.

Es soll deshalb im folgenden das Drehmoment bei drei Zylindern von verschiedenem Material experimentell ermittelt werden, um den Einfluß des spezifischen Widerstandes auf die Angaben dieser Apparate kennen zu lernen.

Die untersuchten Materialien waren Messing, Aluminium und Kupfer, wobei bei allen drei Zylindern die Dimensionen derselben gleich waren.

Die Resultate dieser Versuche sind in Tabelle XXII als Funktion der Klemmenspannung und in Tabelle XXIII als Funktion der Periodenzahl bei einer konstanten Spannung von 100 Volt zusammengestellt und in Fig. 48 aufgetragen.

Tabelle XXII.

Messing		Aluminium		Kupfer	
P_M	ϑ_M	P_A	ϑ_A	P_K	ϑ_K
30,0	0,0442	29,0	0,1015	30,0	0,165
40,8	0,0883	38,8	0,177	41,3	0,33
56,3	0,1475	49,0	0,29	51,1	0,54
68,5	0,25	60,3	0,435	64,1	0,825
82,8	0,354	71,6	0,61	74,6	1,125
99,9	0,53	83,2	0,827	89,8	1,59
112,0	0,663	91,3	1,015	99,9	2,025
127,0	0,854	103,4	1,305	109,9	2,475
—	—	111,4	1,52	124,5	3,15
—	—	124,0	1,885	—	—

Tabelle XXIII.

Periodenzahl	Messing ϑ_M	Aluminium ϑ_A	Kupfer ϑ_K
10	0,251	0,595	1,155
15	0,398	0,942	1,74
20	0,487	1,015	2,1
30	0,545	1,29	2,27
40	0,517	1,275	2,19
50	0,517	1,22	2,06
60	0,487	1,12	1,8
70	0,45	1,042	1,62
80	0,42	0,957	1,455
90	0,398	0,87	1,32
100	0,368	0,797	1,15
110	0,334	0,71	1,02
120	—	0,681	0,917
130	0,295	0,595	0,796
140	0,266	0,58	0,75
150	0,251	0,507	0,677

In Fig. 48 erkennt man, daß das Drehmoment mit zunehmendem spezifischem Widerstand sehr rasch abnimmt. Entnimmt man deshalb den Kurven 2 und 3 für irgendeine Klemmenspannung die Werte der Drehmomente, so verhalten sich diese zueinander wie ihre reziproken spezifischen Widerstände, also z. B. für 100 Volt:

$$\frac{\vartheta_K}{\vartheta_A} \simeq \frac{\varrho_A}{\varrho_K};\qquad \frac{2,04}{1,22} \simeq \frac{2,7\cdot 10^3}{1,6\cdot 10^3} \simeq 1,69;$$

ferner

$$\frac{\vartheta_A}{\vartheta_M} \simeq \frac{\varrho_M}{\varrho_A};\qquad \frac{1,22}{0,53} \simeq \frac{6,22}{2,7} \simeq 2,3$$

und .

$$\frac{\vartheta_K}{\vartheta_M} \simeq \frac{\varrho_M}{\varrho_K};\qquad \frac{2,04}{0,53} \simeq \frac{6,22}{1,6} \simeq 3,85.$$

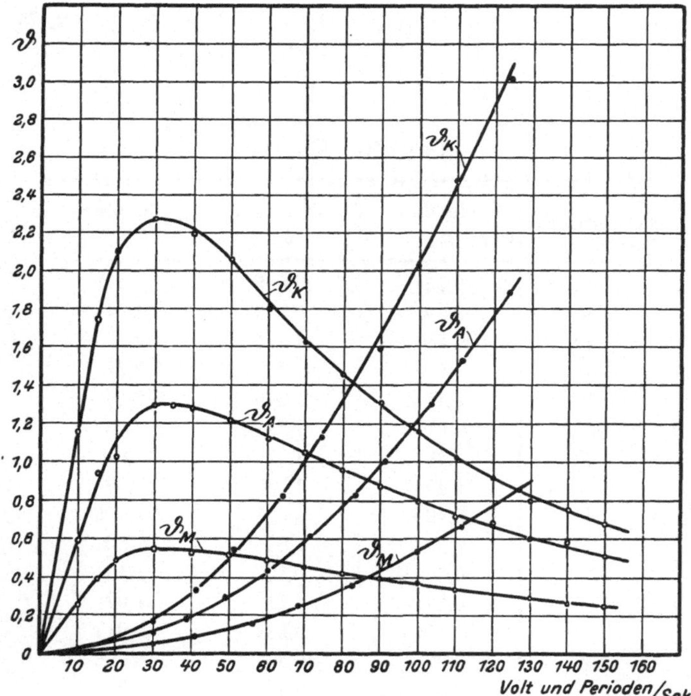

Fig. 48. Drehmomente als Funktion der Spannung und Periodenzahl bei verschiedenen Metallen.

Daraus sieht man, daß das Drehmoment bei Kupfer 1,69 mal größer als bei Aluminium und 3,85 mal größer als bei Messing wird.

Bei den Kurven der Abhängigkeit von der Periodenzahl ist bemerkenswert, daß mit der Abnahme des spezifischen Widerstandes das Drehmoment empfindlicher gegen Periodenschwankungen wird. Es wäre also praktisch vorzuziehen, ein Material zu verwenden mit hohem spezifischem Widerstand, um dadurch diese Abhängigkeit von der Periodenzahl zu verringern. Dadurch müßten die Felder erhöht werden, um dieselbe Wirkung zu erzielen, was nur auf Kosten des Eigenverbrauchs möglich ist, wodurch jedoch durch die Sättigung des Eisens neue Fehlerquellen auftreten würden.

Auf dieselbe Weise könnte auch die Abhängigkeit des Drehmoments von der Zylinderstärke experimentell ermittelt werden, doch würden diese Versuche keine beachtenswerten Resultate liefern, da bei vorliegendem Versuchsinstrument die Wandstärke des Zylinders infolge des kleinen Luftspaltes nur in engen Grenzen variiert werden konnte.

Nach theoretischen Gesichtspunkten läßt sich jedoch auch der Einfluß der Zylinderstärke auf das Drehmoment ermitteln und mögen deshalb im folgenden noch die Bedingungen für das maximal erreichbare Drehmoment hergeleitet werden.

Schreiben wir die Drehmomentgleichung (28) in etwas anderer Form, nämlich:

$$\vartheta = \frac{1}{2} \cdot \frac{1}{981} \cdot f_w \cdot \lambda^2 \cdot \frac{w \cdot R_m}{\alpha_1} \cdot \frac{\dfrac{\omega \cdot \delta_1}{\varrho}}{\left(\dfrac{\omega \cdot \delta_1}{\varrho} \cdot \dfrac{4 \cdot \lambda}{\alpha_1 \cdot \delta}\right)^2 + w^2} \cdot B_{1\,max} \cdot B_{2\,max} \cdot \cos \gamma$$

und betrachten wir jetzt die Dimensionen des Magnetfeldes, also λ, τ, δ und damit auch w als konstant, so können wir das maximal erreichbare Drehmoment erhalten, indem wir einfach die Drehmomentgleichung nach $\dfrac{\omega \cdot \delta_1}{\varrho}$ differentiieren.

Dann wird:

$$\left(\frac{\omega \cdot \delta_1}{\varrho} \cdot \frac{4 \cdot \lambda}{\alpha_1 \cdot \delta}\right)^2 + w^2 - 2\left(\frac{\omega \cdot \delta_1}{\varrho} \cdot \frac{4 \cdot \lambda}{\alpha_1 \cdot \delta}\right)^2 = 0,$$

also

$$\left(\frac{\omega \cdot \delta_1}{\varrho}\right)_{kr} = \frac{\delta \cdot w \cdot \alpha_1}{4 \cdot \lambda} \qquad \dotsc \dotsc \quad (62)$$

und das maximal erreichbare Drehmoment wird dann:

$$\vartheta_{kr} = \frac{1}{16} \cdot \frac{1}{981} \cdot f_w \cdot \delta \cdot \lambda \cdot R_m \cdot B_{1\,max} \cdot B_{2\,max} \cdot \cos \gamma \quad . \quad . \quad (63)$$

In unserem Falle wird jetzt die kritische Winkelgeschwindigkeit

$$\omega_{kr} = \frac{\pi \cdot \delta \cdot w \cdot \varrho}{4\,\delta_1 \cdot \lambda \cdot \tau_1} = \frac{\pi}{4} \cdot \frac{\delta}{\delta_1} \cdot \frac{\varrho}{\tau_1^2} \left[1 + \left(\frac{\tau_1}{\lambda} \right)^2 \right] \quad . \quad . \quad (64)$$

also

$$\omega_{kr} = \frac{\pi \cdot 0{,}15 \cdot 2{,}301 \cdot 2{,}7 \cdot 10^3}{4 \cdot 0{,}05 \cdot 2{,}6 \cdot 4{,}47} = 1260$$

oder

$$c_{kr} = 210 \text{ Perioden pro Sekunde.}$$

Daraus ersehen wir, daß der Rotor bei der normalen Periodenzahl unter Umständen einen ganz beträchtlichen Anteil an der Abhängigkeit von der Periodenzahl nehmen kann und daß in diesem Falle, bei entsprechender Dimensionierung der Wicklungen, diese Apparate bei höheren Periodenzahlen weniger gegen Änderungen derselben empfindlich sind.

Es ist deshalb praktisch günstiger, den Rotor nnd das Magnetfeld derart zu konstruieren, daß auch die kritische Periodenzahl des Rotors ungefähr mit der Netzperiodenzahl zusammenfällt, da dann diese Abhängigkeit am kleinsten wird.

Außer diesen bis jetzt untersuchten Fehlerquellen wird sich auch bis zu einem gewissen Grade der Einfluß der Temperaturänderungen geltend machen, da nicht nur die Wicklungen, sondern auch der Rotor davon beeinflußt werden.

Bekanntlich wird der spezifische Widerstand eines Materials ausgedrückt durch:

$$\varrho = \varrho_0 \, (1 + \beta_0 T),$$

wobei $\varrho_0 =$ spez. Widerstand bei 0° C und β_0 den Temperaturkoeffizienten des betreffenden Materials bedeuten.

Wir hätten also überall in unsere Gleichungen diese Beziehung einzusetzen, um auch die Temperaturänderungen zu berücksichtigen.

Experimentelle Untersuchungen in dieser Richtung wurden nicht ausgeführt, da derartige Untersuchungen sehr zeitraubend und sehr schwierig sind.

Aus allen diesen Untersuchungen geht hervor, daß diese Instrumente keineswegs Idealinstrumente sind. In der Praxis werden sich jedoch diese Apparate als Schalttafelinstrumente und Verbrauchsmesser gut eignen, hingegen für Präzisionsmessungen ihrer Abhängigkeit von der Periodenzahl und Kurvenform wegen nicht in Frage kommen. Wie ferner noch aus diesen experimentellen Untersuchungen hervorgeht, stimmt die abgeleitete Theorie bei direktzeigenden Instrumenten mit diesen gut überein und auch bei indirektzeigenden Instrumenten habe ich teilweise eine gute Übereinstimmung gefunden. Es wurden auch Untersuchungen an Zählern gemacht, jedoch wurden dieselben ihrer unvollständigen Ausführung wegen hier weggelassen.

Bezüglich der Theorie der „Dreifingeranordnung" ist noch zu bemerken, daß dieselbe nur eine Näherungsmethode darstellt und in der Praxis vielleicht noch einiger Korrektionen bedarf.

Die genaue Berechnungsweise dieser Anordnung, sowie diejenigen der Drehstromzähler, bei denen zwei oder mehrere Systeme auf eine Scheibe wirken, soll einer späteren Arbeit vorbehalten bleiben.

Bezeichnungen.

$a =$ Ordnungszahl der höheren Harmonischen der Feldkurve.

$\mathfrak{B}$, $\mathfrak{B}^{a\,r} =$ Gesamtinduktion im Luftspalt.

$\mathfrak{B}^a$, $\mathfrak{B}^a_1$, $\mathfrak{B}^a_2$, $\mathfrak{B}^a_3 =$ von außen erregte Induktionen im Luftspalt.

$\mathfrak{B}^s =$ Feld der Selbstinduktion des Rotors.

$\mathfrak{B}_x$, $\mathfrak{B}_y$, $\mathfrak{B}_z =$ Komponenten von $\mathfrak{B}$ in der x-, y- und z-Richtung.

$b =$ Ordnungszahl der höheren Harmonischen der Feldkurve.

$B_{\bar{P}} =$ Spannungsfeld im Luftspalt.

$B_{Q.} =$ Stromfeld im Luftspalt.

$c =$ Periodenzahl.

$\mathfrak{E}_f =$ freie elektrische Feldstärke.

$\mathfrak{E}_i =$ induzierte elektrische Feldstärke.

$E_T =$ induzierte elektromotorische Kraft in der Transformatorwicklung.

E_J oder $E_P =$ induzierte elektromotorische Kraft in der Wicklung des Instruments.

$f_w =$ Wicklungsfaktor.

$\mathfrak{H} =$ magnetische Feldstärke.

J, J_1, $J_2 =$ Amplituden der Rotorströmung.

$i =$ Rotorströmung (mit verschiedenen Indizes).

$J =$ Effektivwerte der Ströme in den Wicklungen (mit verschiedenen Jndizes).

K_r, K_l, $K =$ ausgeübte Kräfte auf den Rotor.

k, k_1, $k_2 =$ Proportionalitätskonstante.

$k_0 =$ Abkürzung für $\dfrac{1}{8} \cdot \dfrac{1}{981} \cdot \delta_1 \cdot \lambda^2 \cdot \alpha_1 \cdot \varrho \cdot w \cdot R_m$.

$k_0' =$ Abkürzung für $\dfrac{1}{16} \cdot \dfrac{1}{981} \cdot \delta_1 \cdot \lambda^2 \cdot \alpha_1 \cdot \varrho \cdot w \cdot R_m \cdot \omega$.

$k_3 =$ Abkürzung für $\sqrt{2k_1^2 + 2k_2^2 \cdot \dfrac{(M_T - M_P)^2}{r_2^2 + \omega^2 L_2^2} - 4k_1 \cdot k_2 \cdot \dfrac{\omega \cdot L_2}{r_2^2 + \omega^2 L_2^2}}$

$k_e =$ Erfahrungszahl.

$l =$ Abkürzung für $4\dfrac{\delta_1}{\delta} \cdot \lambda =$ äquivalente Selbstinduktion.

$L =$ Selbstinduktionskoeffizient (mit verschiedenen Indizes).

$M =$ Koeffizient der gegenseitigen Induktion (mit verschiedenen Indizes).

$n =$ Tourenzahl pro Minute.

$P =$ Spannung und Abkürzung für $\dfrac{1}{2} B_{1\,max}$.

$p =$ Polpaarzahl.

$Q =$ Abkürzung für $\dfrac{1}{2} B_{2\,max}$.

$R,\ R_m =$ äußerer und mittlerer Radius des Rotors.

$R,\ r =$ Widerstand (mit verschiedenen Indizes).

$$s = \text{Schlüpfung} = \frac{\omega - \omega_2}{\omega} = \frac{v - v_2}{v} = \frac{n - n_2}{n}.$$

$t =$ Zeit.

$V =$ Potential der freien Elektrizität.

$v =$ Geschwindigkeit (mit verschiedenen Indizes).

$W =$ Leistung.

$w =$ Abkürzung für $\dfrac{\lambda}{\tau} + \dfrac{\tau}{\lambda} =$ äquivalenter Widerstand.

$x,\ y,\ z =$ Koordinaten.

$z_r^2 =$ Abkürzung für $(\omega \cdot s \cdot l)^2 + (\alpha_1 \cdot \varrho \cdot w]^2$.

$z_l^2 =$ Abkürzung für $[\omega \cdot l\,(2 - s)]^2 + (\alpha_1 \cdot \varrho \cdot w)^2$.

$z^2 =$ Abkürzung für $(\omega \cdot l)^2 + (\alpha_1 \cdot \varrho \cdot w)^2$.

$\alpha,\ \alpha_1 =$ Abkürzung für $\dfrac{\pi}{\tau}$ bzw. $\dfrac{\pi}{\tau_1}$ und Hysteresiswinkel.

$\beta =$ Winkel und Abkürzung für $\dfrac{\pi}{\lambda}$.

$\gamma =$ Winkel (Phasenabweichung von 90^0).

$\vartheta =$ Drehmoment.

$\delta =$ Länge des Luftspaltes.

$\delta_1 =$ Dicke der Scheibe bzw. des Zylinders.

$\left.\begin{array}{c} \varepsilon \\[1mm] \eta \end{array}\right\} =$ Faktoren, die von der Kurvenform abhängen.

$\lambda,\ \lambda_0 =$ Plattenbreite oder Zylinderlänge oder Pollänge.

$\mu =$ Permeabilität.

$\tau_0,\ \tau',\ \tau_1 =$ Polbreite, Polteilung.

$\varrho =$ spez. Widerstand des Rotors.

$\omega =$ Winkelgeschwindigkeit $= 2\,\pi \cdot c$.

$\left.\begin{array}{c} \varphi \\[1mm] \Theta \\[1mm] \sigma_0 \end{array}\right\} =$ Winkel.
